# 안테나의 과학

### 전파의 드나듦을 추적한다

고토 나오히사 지음
손영수·주창복 옮김

전파과학사

# 머리말

「전파란 무엇이냐? 안테나의 어디서부터 전파가 나가느냐?」라는 주제의 강습회가 전자정보통신학회(구 전자통신학회)의 주최로 몇 번인가 계획되었었는데, 그때마다 예상을 훨씬 넘는 참가자가 모여 관계자를 놀라게 하고 있다. 최근의 전기통신 자유화에 따라 위성통신이나 휴대전화 등 무선통신의 발전기를 맞이하여, 매스컴 관계자나 일반 통신기술자가 많은 것은 이해가 가지만, 안테나의 연구자도 의외로 많다. 그것도 제일선에서 최첨단 위성탑재 안테나와 레이더 안테나의 설계나 제작을 담당하는 전문기술자가 적지 않다.

안테나의 어디서부터 전파가 나가느냐는 소박한 문제에 전문가들까지 흥미를 갖는 첫 번째 이유는 전파라든가 안테나는 알고 있는 것 같으면서도 모르는 데가 있기 때문일 것으로 생각한다.

흔히 눈에 띄는 텔레비전 수신용 안테나는 세 가닥에서 다섯 가닥 정도의 직선 도체봉이 배열되어 있을 뿐이므로, 지금 화제가 되는 미세한 전자회로인 IC 등에 비교하면 알기 쉬운 구조를 하고 있다. 그러나 이 세 가닥의 도체봉의 기능을 정확하고 알기 쉽게 설명하려 들면 IC의 해설보다 더 어려워지는 것이 확실하다. 또 전화국의 옥상이나 위성통신의 지상국에는 접시형 안테나가 있는데, 접시의 곡면이 반사망원경과 같이 포물선을 회전시킨 면이라는 것은 잘 알려진 일이다. 그런데 이 곡면이 구면일 때는 어떻게 되며 또 실제의 수많은 안테나는 포물면에서부터 변형된 것인데, 어떻게 변형되어 있는지는 의외로 알려지지 않았다.

전파나 안테나에 대해서는, 모르는 것을 다른 사람에게 물어보기가 망설여지는 분위기가 있는 것이 두 번째 이유라고 생각된다. 전기현상에 관한 이론은 100여 년 전에 영국의 맥스웰에 의해 확립되어, 알기 어려운 것으로 유명한 「맥스웰의 방정식」으로 정리되어 있다. 전기관계의 과학을 전공하게 되면, 반드시 전기자기학으로서 이 방정식을 배워야 하고, 이 단위를 따지 못하면 졸업할 수 없게 되어 있다. 특히 전파에 대해서는 어느 교과서에서나 모두 이 방정식에서부터 설명하는 것이 보통이므로, 이제 새삼스럽게 전파에 대해 남에게 물어볼 수는 없는 일일지 모른다.

전자회로 분야에서 활약하고 성공하여 명성을 떨치다 현재는 은퇴하신 명예교수님께서 「자네니까 터놓고 물어보겠는데……」 하시면서, 텔레비전 수신 안테나의 도체선은 가로 방향을 향하고 있는데도, 관청의 옥상 등에 도체선이 세로 방향으로 배열된 안테나가 있는 것은 왜냐고 하시면서 민망한 듯이 질문하신 적이 있다. 이것은 전파의 편파를 말하는 것으로, 이 책에서는 맨 마지막 장에서 설명했다. 실력이 있는 사람일수록 모르는 것은 모른다고 명확히 표명할 수 있는 것이 아닐까 하는 것이 필자의 생각이나, 입장에 따라서는 질문이 망설여지는 경우도 있다.

이 책은 서두에서 나온 의문이나 명예교수님의 질문에 답하는 것을 하나의 목적으로 하여, 안테나의 원리와 안테나가 어떻게 동작하고 있는가를 알기 쉽게 설명하는 동시, 제 일선의 위성통신이나 자동차전화 등에 사용되고 있는 안테나의 특징 등을 해설한 것이다. 맥스웰의 이론에 따르면 전파를 발생시키는 근원은 전류이므로, 안테나를 이해하기 위해서는 전류를 잘 알아야 할 필요가 있다. 그 때문에 이 책에서는 송전선이나 안테나에 흐르는 전류에 대해 자세히 설명했다.

앞에서 말한 텔레비전의 수신 안테나는 60여 년 전에 일본에서 발명되어, 발명자의 이름을 따서 야기-우다(八木-宇田) 안테나라고 불리고 있다. 이 안테나는 2차 세계대전 초에 일본군이 진주만을 공격했을 때, 일본의 비행기를 요격하는 레이더 안테나로 사용되었고, 현재는 아마추어 무선용 안테나로 가장 많이 사용되고 있다. 이처럼 오랫동안에 걸쳐 광범하게 사용되고 있는 것도 야기-우다 안테나의 특성이 좋기 때문인데, 그 비밀 등에 대해서도 이 책에서는 자세히 설명했고, 또 안테나 주위의 전파의 상태를 퍼스컴 그래픽으로써 보여 두었다.

전파나 안테나가 알기 어렵다고 하는 큰 원인은 수식에 의한 설명이 많기 때문이라는 것이 정설이다. 따라서 이 책에서는 수식은 일체 사용하지 않고 모두 도면으로써 해설하는 동시, 안테나로부터 전파가 나가는 상태 등은 퍼스컴 그래픽으로 보이기로 했다. 이 때문에 안테나 주위의 전파를 정확하게 계산해서 전파의 강약을 점의 밀도로써 나타내었다. 계산 시간의 형편상 간단한 계산식을 이용했지만, 안테나에서부터 조금만 거리를 두면 전파의 상태는 매우 정확하게 나타내어져 있을 것이다.

마지막으로 이 책의 기획에 즈음하여 귀중한 조언을 주시고 또 정밀하게 퇴고를 보아주신 고단사 과학도서출판부 고에다(小

技)부장에게 감사드린다. 그리고 퍼스컴 그래픽의 프로그램은
아내 고토 요코(後藤洋子)가 담당했다.

코토 나오히사

# 차례

# 프롤로그―안테나는 진화한다

왜 이렇게도 많은 종류의 생물이 있느냐는 문제에 대답하는 것이 진화론(進化論)이다. 확실히 자연계에는 매우 많은 종류의 동물이 서식하고 있다. 진화가 진보한 것을 가리켜 가령 고급이라고 말한다면, 인간을 정점으로 하여 원숭이에서부터 아메바에 이르기까지 무수한 단계가 있다. 각 계층에 있는 동물은 필요가 있기 때문에 생존하는 것이며, 식물을 포함해 자연계의 균형을 유지하는 데에 도움을 주고 있다는 것은 잘 알려진 사실이다. 그런데 안테나에도 여러 가지 종류가 있고, 제각기 모두 필요가 있어서 존재하는 점에서는 동물과 흡사하다.

무선 마이크(Wireless Microphone)에 붙어 있는 쥐꼬리 같은 안테나, 택시의 지붕 위에 붙어 있는 수직의 막대 안테나와 같이 간단한 것, 길이가 다른 몇 개의 도체막대가 평행으로 배열된 가장 보편적인 텔레비전 수신 안테나, 전화국의 옥상에서 흔히 볼 수 있는 접시 모양의 안테나, 공항 한쪽 구석에서 회전하고 있는 레이더 안테나, 핼리(Halley)혜성의 관측 위성을 추적한 일본 나가노(長野)현 우스다(臼田)에 있는 지름 64m의 초대형 안테나까지 실로 여러 가지 형상의 안테나가 있다. 쥐꼬리와 같은 간단한 것에서부터 세계 최고급의 초대형 안테나에 이르기까지 그 형상에는 매우 변화가 많다. 그러나 전파를 공간으로 내보내고, 또 공간으로부터 전파를 받아들이는 점에서는 같은 기능을 하고 있다.

헤르츠(H. L. Hertz)가 도체선(안테나)에서 나오는 전파를 측정하여 전파의 존재를 실증하고, 마르코니(G. Marconi)가 안테나를 사용하여 전파를 통신에 이용하고서부터 약 100년 밖에 지나지 않았다. 따라서 안테나의 역사를 수억 년에 이르는 동물의 진화역사에 비교한다는 것은 불손한 일인지 모르겠지만, 이 100년 사이에 안테나의 형상은 꽤 "진화"해 왔으며, 새로운 형상의 안테나가 탄생하고 있다.

안테나는 동물에 비교하면 간단하게 만들 수 있는 것이기 때문에 세대교체도 그만큼 빠르다. 다만 동물의 형상은 대체로 1억 년 전과 그다지 변화한 것이 없는 것과 마찬가지로, 전파나 안테나의 원리도 100년 전과 달라진 것이 아니기 때문에 안테나의 기본적인 형상은 같다고 볼 수 있다.

동물에는 여러 가지 종류가 있으나, 동물 하나하나의 신체를 형성하고 있는 세포는 공통의 형상을 하고 있고 또 같은 작용을 하고 있다. 이것과 마찬가지로 안테나의 형상은 크게 다르더라도, 각각의 안테나를 미세하게 분해해 보면 전적으로 공통되는 점이 있으며, 동물의 세포에 해당하는 것을 든다면 「하위헌스의 파원(波源)」이라고 볼 수 있다.

파동이 진행할 때 파면(波面)의 각 점으로부터 작은 파동이 구면 모양(球面狀)으로 퍼져 나간다고 하면 전체적으로 파동이 직진하는 것을 설명할 수 있다고 하는 것이, 물리학의 교과서에 나오는 하위헌스(C. Huyghens)의 원리이며, 이때 구면 모양으로 퍼져 나가는 파동의 중심에 있는 것이 하위헌스의 파원이다. 하위헌스의 파원 조합으로 모든 안테나의 성질이나 특징을 설명할 수 있고, 또 거꾸로 안테나는 하위헌스의 파원으로 분해할 수 있다.

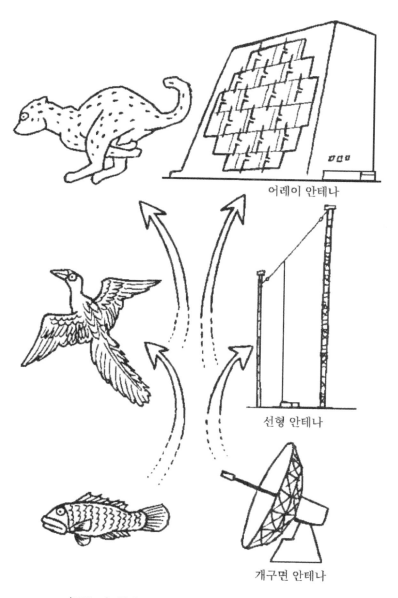

〈그림 1〉 안테나의 진화를 동물의 진화에 비유하면

　하위헌스는 1620년에 태어난 네덜란드의 물리학자로, 전파는 물론 전지나 전류 등이 알려지지 않았던 시대의 사람이다. 그 후 1799년에 전지가 발명되어, 그때까지의 마찰전기와는 달리 언제든지 전류를 끌어낼 수 있게 되자, 전기에 관한 연구가 진보하여 마침내 1864년에는 영국의 맥스웰(J. C. Maxwell)에 의해 전기에 관한 이론이 확립되었다. 빛이 전파라는 것과 더불어 전파를 발생시키는 근원이 전류라는 사실도 알게 되었다. 따라서 전파를 공간으로 내보내는 역할을 하는 안테나를 이해하기 위하여는 전류를 자세히 알 필요가 있다.

　전하(電荷)를 갖는 전자(電子)가 움직이는 것이 전류의 원인이 된다는 사실은 잘 알려져 있는데, 송전선이나 안테나에 흐르는 전류를 미세하게 분해하여 가면 플러스-마이너스의 전하의 쌍인 「다이폴(Dipole)」이 된다. 이 다이폴이 하위헌스의 파원에 해당한다.

　원래 하위헌스의 파원은 구면 모양으로 균일한 ○형의 파동을 발생하는 데 비해, 다이폴은 8자형의 전파를 발생한다. 이 때문에 하위헌스의 파원이 발생하는 파동을 8자형으로 하면, 종래의 하위헌스 원리를 사용하여 안테나가 복사(輻射)하는 전파를 매우 정확하게 계산할 수 있다. 이 책에서는 이렇게 얻은 전파의 상태를 모두 퍼스널 컴퓨터 그래픽으로써 제시하였다.

　하위헌스는 전파라는 것이 알려지기 훨씬 이전의 사람이 지만, 파동의 발생과 전파(傳播)의 메커니즘에 대한 예측이 정확하게 적중되어 있었기 때문에, 그 원리를 약간만 수정함으로써 현대생활에 공헌하고 있는 전파의 발생과 전파를 두루 설명할 수 있는 것이다.

접시형 안테나는 뉴턴(I. Newton)이 고안한 반사망원경과 같은 원리이기 때문에 가장 오랜 역사를 지녔으며, 전파는 접시의 입이 벌어진 면에서부터 나가기 때문에 「개구면(開口面) 안테나(Aperture Antenna)」라고 불린다. 현재 볼 수 있는 동물 중에서 역사가 가장 오래 된 것은 어류(魚類)인데, 개구면 안테나를 동물에다 비유한다면 이 어류에 대응하는 것이라고 말할 수 있을지 모른다. 도체선을 공중에 쳐서 안테나로 한 것은 마르코니이다. 도체선으로 되어 있는 안테나는 「선형(線型) 안테나(Linear Antenna)」라고 불리며, 개구면 안테나 다음으로 오랜 역사를 지니고 있다. 선형 안테나는 개구면 안테나와 비교하면 특징이나 사용되는 목적이 두드러지게 다르지만, 동물의 진화에다 비유한다면 어류 다음으로 오랜 역사를 지니는 조류(鳥類)에 대응시킬 수 있을는지 모른다.

몇 개의 도체선이 배열된 텔레비전 수신 안테나는 60여 년 전에 일본에서 발명된 유명한 안테나로서, 발명자의 이름을 따서 「야기(八木)-우다(宇田) 안테나」라 불리고 있다. 이처럼 안테나(이 보기에서는 도체선)를 배열한 것이 「어레이 안테나(Array Antenna)」이다. 엄밀하게는 똑같은 형상을 한 안테나를 배열한 것이 어레이 안테나인데, 야기-우다 안테나에서는 도체막대의 길이가 다르기 때문에 진정한 의미로서의 어레이 안테나는 아니다. 본격적인 어레이 안테나는 우리 눈에는 잘 띄지 않지만, 항공기의 착륙을 전파로 유도하기 위해 개발하고 있는 마이크로파 착륙장치의 어레이 안테나, 방위용 레이더(Radar)의 어레이 안테나가 있다. 이것들은 100개 정도의 안테나를 배열한 것으로서, 안테나 자체는 고정되어 있지만 복사되는 전파는 1초간에 1,000회 정도의 고속으로 회전하게 되어 있다.

개구면 안테나나 선형 안테나에 비교하여 어레이 안테나는 가장 늦게 나타났는데, 여러 가지 가능이 가능하기 때문에, 동물로 치면 가장 진화한 포유류(哺乳類)에다 대응시킬 수 있을지도 모른다. 다만 고급 포유동물이나 영장류(靈長類)와 같이 진화한 안테나는 아직 나타나지 않았다는 것이 필자의 견해이다. 현 단계의 안테나 진화상황과 장래 방향을 생각해 보는 것도 이 책의 주제라 할 수 있을 것이다.

# 1장
# 파동이란 무엇인가?

여러 가지 안테나 1
텔레비전 수신 안테나

# 1. 파동의 근원

## 전파를 복사, 흡수하는 더듬이

안테나란 곤충의 더듬이(촉각)라는 뜻이다. 공간으로부터 전파를 흡수하는 금속막대를 「전파감지기(電波感知器)」 따위로 말하지 않고 직접 「더듬이」라고 명명한 데는 언제나 감탄을 느낀다. 헤르츠에 의하여 전파의 존재가 확인되기는 하였지만, 전파공학(電波工學)이라는 학문이 없었던 시대에 전파로써 통신을 하려고 시행착오를 되풀이하고 있었던 사람들에게는 「더듬이」라는 것이 실감적이었는지 모른다. 곤충의 더듬이에는 접촉에 의하여 감지하는 촉각(觸覺)과 후각(臭覺)이 있는데, 후각은 공간을 전파(傳播)하여 온 냄새를 감지하기 때문에 바로 수신 안테나이다.

전파 안테나는 공간으로 전파를 복사하고 또는 공간으로부터 전파를 흡수한다. 전파를 잘 복사하는 안테나는 전파를 잘 흡수하는 안테나이기도 하다. 안테나에 의한 전파의 복사와 흡수는 전적으로 같은 작용이라는 것은 간단히 설명할 수 없는 것이 유감이지만 수식을 사용하면 증명할 수 있는 사실이다. 어느 파장의 빛을 발생하는 물질은 그 파장의 빛을 잘 흡수하는 성질을 지니는 것과 마찬가지이다.

안테나의 동작 원리를 설명할 경우에는 전파의 흡수보다 전파의 복사 쪽이 알기 쉽기 때문에 앞으로는 복사를 전적으로 들어가며 설명하기로 한다. 안테나를 이해한다는 것은 그 안테나로부터 전파가 어떻게 나가는 것인가를 이해하는 일이므로, 우선 가장 간단한 파동으로서 연못의 파동이 생기는 상태를 생각하여 보기로 하자.

〈그림 2〉 물속에 막대를 넣어 상하로 진동시키면 파동이 발생하여 동심원 모양으로 퍼진다

## 수면의 파동

연못의 표면으로부터 물속으로 막대를 꽂아 넣어 상하로 진동하면, 막대를 중심으로 하는 동심원 모양(同心円狀)으로 파동이 퍼져 나간다(〈그림 2〉 참조). 막대는 상하로 반복하여 진동하고 있는데, 본래의 위치로 되돌아오기까지의 시간을 주기(周期)라고 부르고 있다. 이를테면 막대가 1초 사이에 1회 진동하면 주기는 1초이고, 1초 사이에 10회를 진동하면 주기는 0.1초이다. 1초당 진동수는 주파수(周波數)라고도 불리며 단위는 헤르츠(Hz)이다. 주파수가 10Hz인 때의 주기는 0.1초이고 100Hz인 때의 주기는 0.01초이다.

막대가 상하로 1회 진동할 때마다 1개의 파동이 발생하는 것은 〈그림 2〉로부터 보아 명백하다. 파동의 마루에서 마루까지의 거리를 파장(波長, Wavelength)이라고 하는데, 1초당의 진

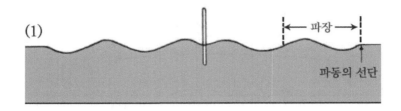

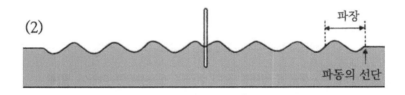

〈그림 3〉 막대의 진동수(주파수)와 발생하는 파동의 파장 관계 ⑵는 ⑴의 2배
　　　　의 진동수이다

동수가 많아지면, 즉 주파수가 높아지면 파장은 짧아진다(〈그림
3〉 참조).

　주파수와 파장은 파동의 성질을 나타내는 기본량이다. 막대
가 이를테면 주파수 5Hz에서 진동하고 있다고 하면 1초간에 5
개의 파동이 발생하기 때문에, 파동의 선단은 1초간에 파장의
5배의 거리만큼 진행하는 것은 〈그림 3〉으로부터 명백하다. 따
라서 파동이 진행하는 속도는 주파수와 파장을 곱한 값이 되어
있다는 것을 안다.

　이것은 음파나 전파와 같은 파동은 주파수에 관계없이 어느
일정한 속도로써 진행한다는 성질을 가졌기 때문이다. 이를테
면 음파는 공기 속을 1초간에 약 340m를 진행하고, 전파는 1

초간에 약 30만 킬로미터를 진행한다는 것이 알려져 있다. 만일 주파수가 높은 파동일수록 빠르게 진행한다고 가정한다면, 남녀로부터 동시에 이름을 불렸을 때는 주파수가 높은 여성의 소리가 먼저 들리게 된다. 또 소리 가운데는 여러 가지 주파수의 성분이 포함되어 있으므로 이야기의 내용을 알 수 없게 될 것이 확실하다.

## 3차원으로 퍼져가는 파동

연못의 파동은 물의 표면을 평면적으로 퍼져 나가지만 음파나 전파는 공간을 3차원적으로 퍼져 나가는 파동이다. 공간을 퍼져 가는 음파를 발생시키는 가장 간단한 것으로서 구(球)를 생각하여 보자. 구의 반지름은 시간과 더불어 주기적으로 변화하고, 반지름은 〈그림 4〉의 화살표로 가리키듯이 변화하는 것으로 한다.

공기 속에 있는 구가 이처럼 진동하면, 구의 반지름이 커진 순간에는 주위의 공기가 압축되어 산소나 질소 등의 공기 입자의 밀도가 커진다. 반대로 구의 반지름이 작아질 때는 공기 입자의 밀도도 작아지고, 구 주위에는 공기의 밀도가 큰 층과 작은 층이 생기는 것을 상상할 수 있다.

음파는 조밀파(粗密波)라고도 불리듯이 공기의 입자가 거친 층과 빽빽한 층이 전파하는 파동인데, 〈그림 4〉와 같이 반지름이 진동하는 구로부터는 공기 입자의 거친 층과 빽빽한 층이 구면 모양으로 퍼지는 음파를 발생하는 것이다. 〈그림 5〉는 공기 입자를 점의 집합으로써 모식(模式)적으로 보인 것으로서, 전체로서는 입자의 밀도가 큰 곳은 검고, 밀도가 작은 곳은 희게 표

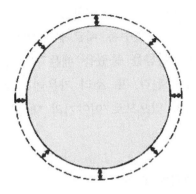

〈그림 4〉 시간과 더불어 크기가 화살표와 같이 주기적으로 변화하는 구

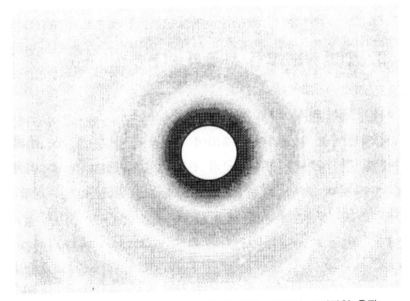

〈그림 5〉 크기가 진동하는 구로부터 발생하는 공기의 조밀파인 음파

현되어 있다.

〈그림 2〉에서는 연못의 파동이 막대를 중심으로 하여 동심원

모양으로 퍼져 나가지만 물 자체는 상하로 진동할 뿐이다. 〈그림 5〉에 보인 음파의 경우도 마찬가지로 공기 입자는 특정 위치에서 진동할 뿐이지만, 거친 층과 빽빽한 층은 시간과 더불어 동심원 모양으로 퍼져 나가는 것처럼 보인다.

연못의 파동은 상하로 진동하는 파동에 의하여 생기고 〈그림 5〉의 음파는 반지름의 크기가 진동하는 구에 의하여 생긴다. 이처럼 진동하는 막대나 구는 파동을 발생시키는 근원이 되기 때문에 「파원(Wave Source)」이라고 불린다. 공간에 효율적으로 전파를 발생시킬 목적으로 만들어진 것이 안테나이므로, 〈그림 2〉의 진동하는 막대는 수면의 파동에 대한 「안테나」이며, 〈그림 4〉의 크기가 진동하는 구는 음파에 대한 「안테나」라고 생각할 수 있다. 음파에 대한 안테나는 구체적으로는 송신용이 스피커, 수신용이 마이크로폰이다.

## 2. 구면파는 모든 파동의 기본

### 사방으로 퍼져 나가는 구면파

자연계에는 여러 가지 형상의 동물이 살고 있고 몸의 크기에도 큰 차이가 있다. 그러나 이들 동물 역시 몸을 미세하게 분해하여 가면 세포에 도달하고, 큰 동물이나 작은 동물도 거의 같은 형상의 세포를 지니고 있다. 이것과 마찬가지로 전파를 복사하는 안테나에도 갖가지 형상이 있는데, 이들의 안테나를 미세하게 분해하여 가면 〈그림 4〉와 같은 구면파(球面波, Spherical Wave)를 복사하는 파원에 도달한다. 〈그림 5〉에 보인 음파는 파원인 구를 중심으로 하여 균일하게 퍼져 나가는 파동이며, 공기의 조밀층은 구면 모양으로 되어 있기 때문에 「구면파」라고 불린다. 구면파는 하나하나의 파원으로부터 온 방향으로 균일하게 퍼지는 파동이고 가장 단순한 파동이다. 실제의 공간에 존재하는 음파는 구면파처럼은 단순하지 않지만, 복잡한 파동도 모두 구면파의 조합으로써 나타낼 수 있다.

구면파의 첫 번째 특징은 그 이름이 가리키듯이 파동의 형상이 구면이며 대칭형이기 때문에, 구의 중심에서 발생한 음파의 에너지는 사방으로 균일하게 퍼져 나간다. 따라서 파원으로부터의 거리 r의 구면 위에서 단위면적을 통과하는 음파의 에너지는 음파의 전체 에너지를 구의 표면적 $4\pi r^2$으로 나눈 값에 비례한다.

일반적으로 단위면적을 통과하는 음파의 에너지는, 음파를 파동으로 나타내었을 때, 파동 높이의 제곱에 비례하는 성질을 가지고 있으므로, 구면파의 파동 높이는 반지름 r에 반비례하여 작아지는 것을 알 수 있다. 파동 높이의 제곱이 단위면적을 통과하는 음파의 에너지이며, 이것은 구면파에서는 r의 제곱에 반비례하기 때문이다.

파동의 높이가 파원으로부터의 거리 r에 반비례하는 것이 구면파의 두 번째 특징이다. 파동의 높이는 파동의 진폭(振幅)이라고 부르는 경우도 많다. 구면파는 진폭이 반지름 r에 반비례하여 작아지면서 균일하게 퍼져 나가는 파동이라고 말할 수 있다.

## 복사되는 파동, 복사되지 않는 파동

파동의 에너지가 파원으로부터 나와 주위로 퍼져 나가는 것을 「복사」라고 한다. 방사능이나 방사선으로부터도 알 수 있듯이, 본래 광원(光源)으로부터 빛이 광선으로 되어 방사 모양(放射狀)으로 퍼져 나가는 것이 복사이고, 라디오는 방사능을 갖는 라듐(Radium, Ra)과 같은 어원이다. 라듐의 본래 의미는 자전거 등의 바퀴의 스포크(Spoke, 바큇살)를 말하며 방사모양으로 퍼지는 선을 나타내고 있다. 파원으로부터 에너지를 먼 곳으로 운반하는 파동을 「복사파(輻射波, Radiation Wave)」라고 부르는데, 복사파의 특징은 파동의 진폭이 파원으로부터의 거리에 반비례하여 감소하는 파동이며, 구면파처럼 파동의 진폭이 구대칭(球對稱)이 아닌 파동도 포함하고 있다. 뒤에서 설명하는 다이폴로부터 나오는 파동은 복사의 세기가 공간적으로는 8자형이 되지만 파동의 진폭은 거리에 반비례하기 때문에 복사파이다.

 일부러 복사파라는 이름이 있는 것은 파원으로부터 에너지를 운반하지 않는 파동, 즉 복사파가 아닌 파동이 있기 때문이다. 이를테면 파동의 진폭이 파원으로부터의 거리 r의 제곱에 반비례하는 경우를 생각하여 보자. 이 때 단위 면적을 통과하는 파동의 에너지는 진폭의 제곱, 즉 r의 4제곱에 반비례한다.

 따라서 반지름 r인 구면(면적은 $4\pi r^2$)을 통과하는 전체 에너지는 단위면적을 통과하는 에너지와 전체면적을 곱한 값이기 때문에 r의 제곱에 반비례하여 감소하는 것이 되고, 이 파동의 에너지는 파원 주위에만 존재한다는 것을 의미하고 있다. 이와 같은 파동은 안테나의 극히 가까이에만 있기 때문에, 안테나로부터 복사되는 파동을 조사할 경우에는 파동의 진폭이 거리에 반비례하여 감소하는 파동만을 생각하면 된다.

## 3. 평면파라고 하는 이상적인 파동

### 평행이 되는 파동의 면

빛이 직진한다는 것은 예로부터 알려진 빛의 기본적인 성질이다. 태양과 같은 먼 광원으로부터의 빛은 평행광선이 되고, 평행광선이라는 것은 파동이 같은 방향으로 진행하는 것을 의미하고 있다. 크기가 변화하는 구에 의하여 복사되는 음파에서는, 공기입자의 조밀층은 구면으로 되어 있지만, 파원으로부터 아주 먼 곳에서는 조밀층이 평면처럼 보일 것이다.

〈그림 5〉로부터 알 수 있듯이 입자의 조밀층에 직각인 방향으로 파동이 진행하기 때문에, 파원으로부터 먼 곳에서는 조밀층이 평면에 접근하기 때문에 음파는 평행으로 진행하는 듯이 보인다. 다만 빛에서는 파장이 매우 짧을 뿐이기 때문에, 광원으로부터 가까운 빛도 직진하는 성질을 갖게 된다.

극단적인 경우로서, 조밀층이 평행인 평면으로 되는 경우의 파동을 「평면파(平面波, Plane Wave)」라고 한다. 구면파와 더불어 가장 간단한 파동으로서 자주 인용되는 파동이다. 평면파는 파원이 무한히 먼 곳에 있을 때 생기는 파동인데, 파원으로부터 어느 정도 떨어진 곳에서 그 근처의 좁은 범위의 파동을 생각할 때는 대체로 평면파로 볼 수가 있다.

공기 입자의 조밀층이 평행으로 되는 예를 〈그림 6〉에 보였다. 가로 방향으로 진행하는 파동으로서 입자의 밀도, 즉 음파의 진폭을 그림의 아래쪽에 보였다. 파동은 입자의 진동에 의하여 생기기 때문에, 파동의 세기도 플러스-마이너스로 진동하고 있다. 〈그림 6〉에서는 파동의 세기가 플러스의 방향에서 강

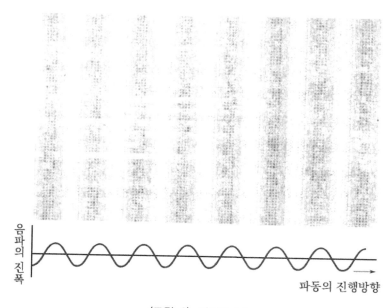

<그림 6> 평면파 (1)

파원으로부터 어느 정도 떨어진 곳에서의 좁은 범위의 파동은 대체로 평면파로 생각할 수 있다

한 곳은 밀도가 큰 곳에 대응하고, 한편 파동의 세기가 마이너스의 방향에서 센 곳은 밀도가 작은 곳에 대응하여 있다. 음파가 전파할 때의 실제 공기 입자의 밀도도 이처럼 되어 있다.

그러나 전파 등 일반적인 파동의 진폭을 점의 밀도로써 나타내는 경우에는 파동의 진폭이 플러스의 방향으로 큰 때이거나 마이너스의 방향으로 큰 때에도, 파동의 세기는 같기 때문에 점의 농도도 같게 하는 것이 파동의 표현 방법으로서는 적합하다. 음파의 경우에는 음파가 없는 조용한 공기의 밀도인 곳에서는 점은 없는 것으로 하고, 그보다 밀도가 작은 곳이나 큰 곳은 모

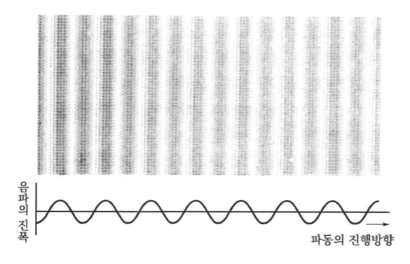

〈그림 7〉 평면파 (2)
소리가 마이너스의 부호에서 센 곳도 짙은 점으로써 표시

두 음파가 있기 때문에 짙은 점으로써 나타내는 것과 대응하고 있다. 〈그림 7〉은 〈그림 6〉과 같은 파동에 대하여, 파동의 세기가 플러스에서 센 곳과 마이너스에서 센 곳을 같은 농도의 점으로써 나타낸 것이다. 검은 점의 집합에서는 플러스와 마이너스의 구별을 할 수 없는 것이 유감이지만, 조밀층은 번갈아가며 플러스와 마이너스의 크기를 나타내는 것으로 한다.

## 빛은 평면파이다

평면파의 특징은 그림으로부터 알 수 있듯이 파동의 각 부분이 같은 방향으로 진행하는 데 있다. 이것은 파동이 직진한다는 것을 의미하고 있다. 평면파에서는 조밀층이 원리적으로는 무한히 큰 평행인 평면이 되기 때문에, 이와 같은 이상적인 평면파는 현실로는 존재하지 않는다. 그래서 어떤 파동을 평면파로 간주하는 데는 평행이 되는 조밀층의 면의 크기, 즉 파동이 같은 방향으로 진행하는 부분의 면적의 크기가 문제가 된다.

  파동의 성질을 생각할 경우, 평행으로 되는 조밀층의 면이 크냐, 작으냐는 것은 실제의 크기가 아니라 파장에 대한 크기가 의미가 있다. 평행이 되는 조밀면이 이를테면 원형인 때는 그 지름이 파장의 몇 배가 되느냐가 문제가 된다. 이를테면 지름이 1㎝인 전자기파(빛)의 빔(Beam)을 생각하면, 파장이 0.5㎛(미크론)의 빛에서는 2만 파장의 지름이 되어 충분한 평면파라고 볼 수 있다. 파장이 3㎜(주파수 100GHz, GHz는 기가헤르츠)인 밀리파(Milli Meter Wave)에서는 지름은 3·3파장이기 때문에, 〈그림 51〉에서 도시한 것과 같이 퍼져 나가면서 진행하는 파동이 되어 평면파로는 보기 어려운 파동이다.

  평면파가 바늘로 뚫은 작은 구멍을 통과하는 경우를 생각하여 보자(〈그림 8〉 참조). 바늘 끝의 지름은 수 마이크로미터이다. 통과하는 빛의 파장을 0.5㎛라고 하면, 지름 5㎛의 구멍은 10파장의 크기가 된다. 지름 10파장의 구멍을 통과한 빛은 약 20도로 퍼지는 성질을 갖기 때문에 〈그림 8〉의 (1)과 같이 될 것이다. 그러나 구멍의 지름이 5㎜, 즉 1만 파장이 되면 통과한 빛의 너비는 0.02도밖에 안 된다. 따라서 통과한 빛은 구멍으로 들어온 빛과 마찬가지로 평면파, 즉 평행광선으로 볼 수가 있다(〈그림 8〉의 (2)).

  이처럼 빛은 파장이 매우 짧기 때문에 가느다란 빔이라도 평면파의 성질을 지니며, 평면파의 특징인 직진하는 성질을 가지

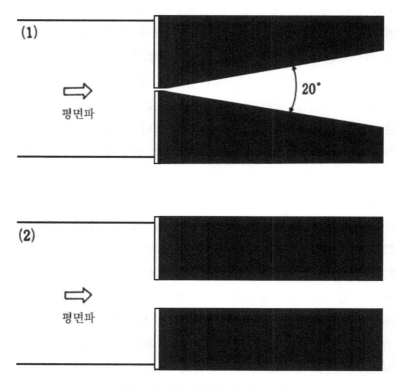

<그림 8> 작은 구멍을 통과하는 빛
⑴은 구멍의 지름 5μm(10파장)인 때로서 통과한 빛은 약 20°로 퍼진다
⑵는 구멍의 지름이 5mm(1만 파장)인 때로, 통과한 빛의 확산은 0.02°가 된다

고 있다. 이것에 대해 예로부터 잘 알려져 있던 음파의 속도는
초속 약 340m이므로, 매우 높은(파장이 짧은) 음인 주파수
10kHz(킬로헤르츠)인 때에도 파장은 3.4cm이고, 물론 지름 1cm
의 범위를 전파하는 음은 평면파라고 볼 수는 없다. 따라서 뉴
턴의 시대에는 빛과 같은 파장이 짧은 파동은 알려지지 않았기
때문에, 지름이 1mm(2,000파장)의 가느다란 빔이 직진하는 것을

보고 빛을 입자라고 생각한 것도 자연스러웠다. 입자라면 빔의 지름이 아무리 작더라도 직진하기 때문이다.

빛은 직진하는 외에도 거울에서 반사하거나, 또 물속으로 입사(入射)할 때는 굴절하는 성질을 갖고 있다. 빛은 평면파이며, 평면파라도 이와 같은 성질을 지닌다는 것을 합리적으로 설명한 사람이 하위헌스이다.

# 4. 하위헌스의 원리

## 갈릴레이와 뉴턴의 사이에서

1620년, 네덜란드의 헤이그에서 태어난 하위헌스는 전하를 저장하는 레이던병으로 유명한 레이던대학에서 수학한 물리학자이다. 자연을 지배하는 법칙은 단순한 것일수록 가치가 있다고 하는 것과 실험 결과를 중시하는 등 동양에서는 볼 수 없었던 근대과학의 연구방법을 확립하였다고 일컬어지는 갈릴레이(G. Galilei)는 1642년에 77세로 별세하였고, 근대과학의 시조라고 일컬어지는 뉴턴은 1643년에 태어났으니까, 하위헌스는 두 거인의 중간에 있으며 르네상스로 발전한 과학의 연구성과가 결실되던 시대의 사람이다.

당시의 유럽에서는 갈릴레이가 발견한 흔들이(振動子)의 등시성(等時性)과 망원경에 의한 천체 관측으로부터 알 수 있듯이, 역학(力學)과 광학(光學)이 자연과학의 중요한 연구 테마였다. 하위헌스도 갈릴레이와 마찬가지로 흔들이시계(추시계)의 고안과 망원경을 개량하여 천체를 관측하고 있다. 만유인력의 발견으로 알려지는 뉴턴도 젊은 시절(1668년, 25세)에는 파라볼라 안테나의 시조인 반사망원경을 발명하고 있다.

천체의 운행에 대하여는 코페르니쿠스(N. Copernicus) 이전에는 지구 주위를 태양이 회전하는 것이라고 하였기 때문에, 그리스 시대부터 여러 가지 복잡한 가설(假說)이 나와 있었고, 특히 행성의 겉보기 운동은 복잡하여 글자 그대로 사람을 어지럽히는 별이었다. 별의 움직임도 지상에서의 물체의 낙하도 같은 법칙에 지배되는 것이라고 한 뉴턴에 의하여 천체의 운동이 완전히 설명되었기 때문에 뉴턴은 예로부터의 논쟁에 결말을 내린 것이 된다. 그러나 같은 불가사의한 현상이라도 빛의 본성에 대한 결론은 뉴턴의 시대에서부터 빛은 전자기파(電磁氣波, Electro Magnetic Wave)라고 한 맥스웰에 이르기까지 실로 200년이라는 긴 세월이 걸렸다.

뉴턴은 빛의 입자설(粒子說)로서 알려져 있다. 한편 파동설(波動說)을 주장한 것이 후크(R. Hooke)와 하위헌스이며, 후크는 입자설에 대하여 뉴턴과 격렬한 논쟁을 했다고 한다. 후크는 용수철이 늘어나는 길이는 잡아당기는 힘에 비례한다는 후크의 법칙(저울의 원리)으로 알려져 있고, 하위헌스와 뉴턴의 중간인 1635년에 태어났다. 후크도 역학에 흥미를 가져 역자승(만유인력)의 법칙을 뉴턴보다 먼저 발견하였지만, 역학을 집대성한 것은 뉴턴이다. 그 때문에 만유인력에 대해 단 한 사람만 이름을 들라고 하면 뉴턴을 말하는 것이 어쩔 수 없는 일이다. 역사적으로 보면 법칙이나 원리는 많은 사람의 노력에 의하여 태어난 것이지만, 맨 마지막에 한 걸음을 더 밀고 나갔던 사람의 이름이 남게 되는 것이 보통이다. 실제 사회의 역사는 여러 계층이

〈그림 9〉 거울에 의한 빛의 반사와 벽에서 반사하는 공의 운동

나 민족의 세력이 대립과 협조를 잉태하며 움직여져 왔으나, 초등학생도 알게끔 간단하게 기술한다면, 가장 두드러지게 눈에 띄는 지도자의 역사로 되어 버리는 것과 비슷하다.

빛의 입자설은 뉴턴이 지니던 권위에 힘입어 오랫동안 신봉되어 왔다. 확실히 빛의 가느다란 빔이 직진하여 와서 거울에 반사되는 현상은 공(입자)이 날아와 벽에 부딪쳐 반사하는 상태와 흡사하다(〈그림 9〉 참조). 그러나 빛이 파동이더라도 〈그림 9〉와 같이 직진할 수도 있고 또 그림과 같은 반사도 설명할 수 있다는 것을 보인 것이 하위헌스이며, 이때에 이용한 방법이 「하위헌스의 원리」이다.

## 광 파동설의 뒷받침

하위헌스의 원리는 물리 교과서에 반드시 나오는 유명한 원리이다. 〈그림 10〉과 같이 오른쪽으로 진행하는 평면파에 대하

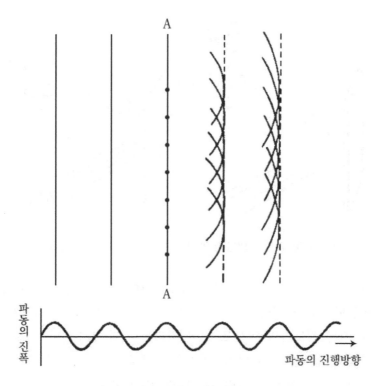

〈그림 10〉 하위헌스 원리의 설명
AA 위의 가상적인 파원(●표)으로부터 구면파(동심원)가 복사되고 있다

며 이 원리를 적용하여 보자. 그림 속의 수직인 직선은 파동이 가장 센 장소를 나타내고, 〈그림 6〉의 평면파의 밀도가 큰 곳과 대응하고 있다. 이 평면파가 그림의 왼쪽에서부터 A점까지 진행하였을 때, A점으로부터 오른쪽의 파동은 AA 위의 각 점을 파원으로 하는 구면파의 합으로서 나타내어진다고 하는 것이 하위헌스의 원리이다.

AA 위의 파원이 되는 점은 연속적으로 분포하여 있지만, 그림에서는 같은 간격으로 나타내었다. 이들의 점을 중심으로 구면파가 퍼져 나가 파동이 세어지는 곳을 동심원의 원호(圓弧)로써 나타내고 있다. 이들 원호가 가장 많이 겹쳐지는 곳이 전체로서의 파동이 세어지는 곳이며 수직의 점선처럼 되는 것으로 생각된다.

파동의 진폭이 가장 세어지는 AA 위에 다시금 파원을 생각하지 않더라도 파원은 자연히 오른쪽으로 전파하고, 파동이 센 곳이 점선처럼 된다는 것을 쉽게 이해할 수 있다. 이처럼 파동이 자연으로 전파하는 현상을 다시금 AA 위에 있는 파원으로서 설명할 수 있다고 하는 것이 하위헌스의 원리이다.

이 원리를 좀 더 자세히 조사하기 위하여 〈그림 10〉의 AA 위에 구면파를 발생하는 파원이 있는 경우를 생각하여 보자(그림 11).

파원이 되는 구면파를 참고삼아 〈그림 11〉의 위쪽에 보여 두었다. 이 점파원(點波源)에 의한 파동은 중심 진폭이 최대이고, 파장 간격에 어떤 진폭이 큰 동심원이 퍼져 나가는 구면파로서 나타내어져 있다. 아래쪽은 이 점파원이 〈그림 10〉의 AA 위의 각 점 및 그 중간의 위치에 배치되어 배열하였을 때에 발생하는 파동이 전파하는 상태를 가리킨 것이다. 파원이 1개인 때는 구면파이지만, 다수가 배열되면 평면파에 가까운 파동이 복사된다는 것을 알 수 있다.

이와 같이 직선 위에 배열된 점파원에 의하여 생기는 파동을 평면파와 비교하여 보자. 〈그림 12〉의 위쪽은 〈그림 11〉의 아래쪽과 같은 그림(상반부)이다. 〈그림 12〉의 아래쪽은 이상적인 평면파이며, 그 밑의 그래프는 파동의 세기를 나타내고 있다.

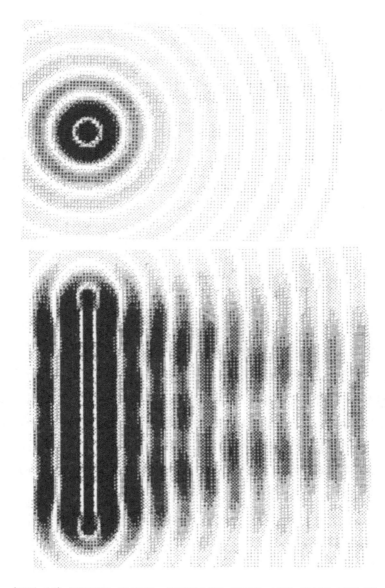

〈그림 11〉 구면파를 복사하는 점파원(위)과 그것을 10개 배열한 때에 발
생하는 파동(아래)

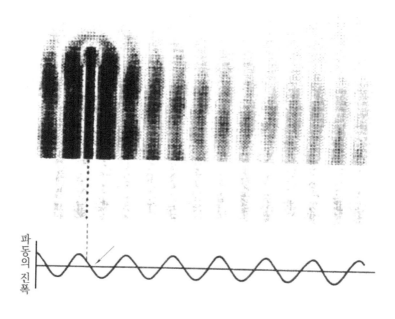

〈그림 12〉 하위헌스의 파원에 의해 생기는 파동(위, 〈그림 11〉의 아래 그림의 일
부)과 평면파(아래). 점선은 파원의 위치, 화살표는 진폭의 시간적
변화가 최대가 되는 점

이 평면파와 위의 파원의 열로부터 만들어진 평면파에 가까운
파동이 일치하기 위해서는, 파원의 위치는 평면파의 **진폭이 큰**
곳이 아니라, 점선으로 가리키듯이 진폭의 **변화가 큰** 위치에 두
어야 한다는 것을 알 수 있다. 그림의 경우에는 파동의 진폭이
작아지는 위치이지만, 평면파는 오른쪽으로 진행한다는 것을
생각하면, 파원의 중심은 평면파의 진폭의 시간적인 변화가 큰
위치이다. 이것은 파원으로서의 크기는 파동의 진폭의 시간적
변화의 비율에 비례한다는 것을 가리키고 있다.

또 〈그림 12〉에서는 화살표의 위치에서 평면파의 진폭의 시간적 변화, 즉 그래프의 경사가 최대가 되는데, 점선으로 가리키는 위의 파원 위치가 화살표에 일치하지 않는 것은 여기서는 계산시간의 사정상, 점파원이 종이면 위에 일렬만이 있는 것으로 하였기 때문이다. 평면파이기 때문에 점파원은 종이면에 수직인 평면 위에 다소 배열하여 있다고 하고서 계산하면 점선과 화살표는 일치할 것이다.

하위헌스의 원리에서는 이미 있는 파동이 새로운 파동을 만들 경우에, 파원으로서의 크기는 이미 있는 파동의 진폭의 시간적 변화에 비례한다는 것을 시사하고 있다. 이 예와 같이 파원으로부터 파동이 발생하는 경우는 파원의 **진폭의 시간에 대한 변화**가 클수록 발생하는 파동의 진폭도 커진다고 하는 것이 파동의 복사에 관한 일반적인 원리이다.

2장에서 자세히 설명하겠지만, 안테나로부터 복사되는 전파의 세기는 두 장의 평행 도체판으로 구성된 콘덴서에 흐르는 전류의 크기에 밀접하게 관계하고 있다. 도체판 사이는 진공이라도 전류가 흐른다는 것이, 진공 속으로 전파를 복사하는 것에 대응하고 있고, 이 전류의 크기가 콘덴서에 가해지는 전압의 진폭의 시간에 대한 변화에 비례하는 것이다.

전압 100V인 전등선의 주파수는 50Hz인데 대하여, 텔레비전 등과 비교하면 주파수가 매우 낮은 중파라디오에서도 주파수는 약 1MHz(메가헤르츠)이다. 〈그림 13〉에는 50Hz의 파동과 1kHz의 파동을 보였다. 주파수가 높아지면 파동의 진폭의 경사, 즉 시간적 변화의 비율이 커진다는 것을 잘 알 수 있을 것이다. 1MHz의 파동은 1kHz의 1주기 사이에 다시 1,000개의

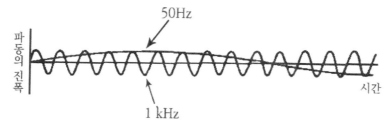

〈그림 13〉 주파수가 50Hz와 1kHz인 파동의 파형

주기의 파동이 들어가기 때문에 파동의 진폭은 경사가 매우 커진다. 50Hz의 전류로부터는 전파가 발생하기 어렵지만 1MHz의 전류로부터는 전파가 나오기 쉽다는 것을 하위헌스의 원리로부터 상상할 수 있다.


## 5. 파동의 반사

### 하위헌스의 원리에 의한 설명

빛이 입자가 아닌 파동이더라도 공이 벽에서 다시금 튕겨지듯 거울에 반사되는 것을, 하위헌스는 합리적으로 설명함으로써 빛의 파동설의 근거를 제시한 것이기 때문에, 이때 이용한 하위헌스의 원리는 역사적으로 보더라도 중요한 사고방식이다. 평면파가 오른쪽으로 진행하는 상태를 보인 것이 〈그림 7〉인데, 같은 평면파가 우측 아래쪽으로 진행하는 경우는 〈그림 14〉와 같이 나타낼 수가 있다. 다만 하단의 직선 AA의 위쪽만을 보여주고 있다. 아래의 그래프는 이 직선 위의 파동의 세기이며, 〈그

40

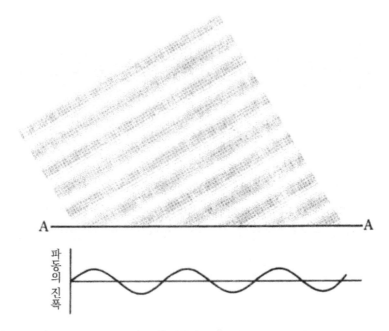

〈그림 14〉 오른쪽 비스듬히 아래 방향으로 진행하는 평면파와 직선 AA 위의
파동의 진폭

림 7〉의 그래프와 비교하면 파동을 비스듬한 방향에서 보고 있
기 때문에 파장이 길게 되어 있다는 것을 알 수 있다.

〈그림 7〉의 평면파가 빛인 경우에는 아래의 그래프는 광속으
로써 오른쪽으로 이동할 것이다. 이것에 대해 〈그림 14〉에서는
평면파는 우측 아래쪽으로 광속으로 진행하는데 아래의 그래프
는 직선 AA 위의 파동의 세기이기 때문에 오른쪽으로 이동한
다. 이동하는 속도는 직선 AA 위의 파장과 주파수를 곱한 값
이 되는데, 주파수는 〈그림 7〉과 마찬가지이므로 파장이 긴 몫
만큼 광속보다 빠르게 진행하는 것처럼 보인다.

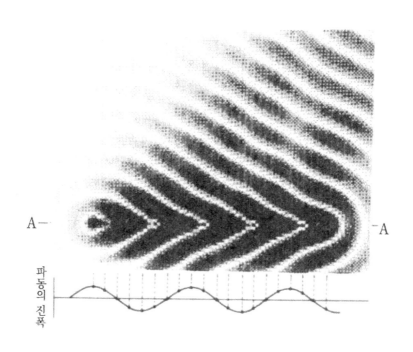

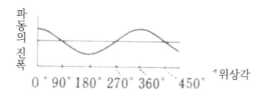

〈그림 15〉 하위헌스의 파원에 의해 생기는 파동(위)과 파원의 위상각(아래)

그러면, 하위헌스의 원리를 〈그림 14〉에 적용하기 위해 직선 AA 위에 점파원이 배열된 경우를 생각하여 보자. 〈그림 10〉의 경우는 직선 AA 위에서는 파동의 세기가 일정하고, 직선은 가장 큰 마루 위에 있지만 〈그림 14〉의 직선 AA 위에서는 파동의 세기는 주기적으로 변화하고 있다. 이 때문에 AA 위에 두는 점 파원의 세기도 주기적으로 바꾸어야 할 필요가 있다.

〈그림 15〉는 AA 위에 20개의 점파원을 배열하였을 때에 발생하는 파동을 보인 것으로서, 각 점 파원의 세기는 직선 AA 위로 들어오는 평면파의 세기에 따라서 점선으로 가리키듯이 대응하고 있다. 다만 파동은 오른쪽으로 진행하고 있기 때문에, 어느 순간에 각 점 파원의 세기가 점선과 같이 되어 있으며, 파원의 세기는 입사하는 평면파의 주파수로서 진동하고 있다.

어느 순간에서의 파원의 세기가 어떤 상태에 있는가는 「위상(位相)」이라고 불리는 각도로서 나타내는 것이 보통이다. 〈그림 15〉의 아래 그림으로 설명하면, 파동이 가장 커지는 위치의 위상을 0도로써 나타내면 왼쪽 끝의 파원의 위상은 0도가 된다. 좌로부터 두 번째의 파원의 위상은 45도이며, 차례로 위상은 90도, 135도가 된다. 참고삼아 점파원으로부터 구면파가 복사되는 경우에 파원의 위상과 파동의 상태를 〈그림 16〉에 보였다.

〈그림 16〉의 (1)은 위상이 0도인 경우로 〈그림 11〉의 위 그림과 같다. (2)의 위상은 45도인데 (1)에 비교하면 대응하는 동심원의 반지름이 약간 작아져 있다. 이것은 (2)가 (1)보다 시간상으로 뒤늦게 파동이 복사된다는 것을 의미하고, 이 지연을 위상으로써 나타내면 45도이며, 시간으로서 나타내면 1/8주기(1주기의 8분의 1의 시간), 파동이 진행하는 거리로서 나타내면 1/8파장이 된다. 〈그림 16〉의 (3) 위상은 90도이고, (4)의 위상은 135도인데, 각각의 위상 또는 시간만큼 늦게 복사되는 파동이라는 것을 알 수 있다.

파원의 위상이 180도인 경우는 여기에는 제시하지 않았지만

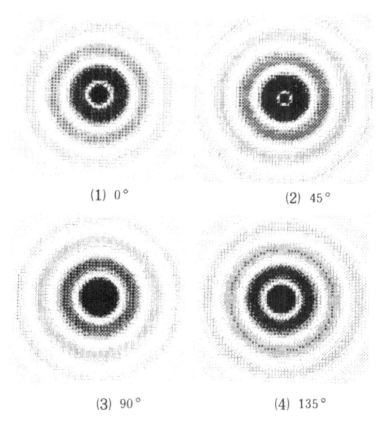

(1) 0°          (2) 45°

(3) 90°          (4) 135°

〈그림 16〉 점파원으로부터 복사되는 구면파의 상태와 파원의 위상

그림의 ⑴과 같아진다. 즉 위상이 0도인 ⑴에서는 중심은 플러
스에서 세고 다음 원과 마이너스에서 센 파동을 나타내고, 위
상이 180도인 때는 중심이 마이너스이고 다음 원이 플러스에
서 센 파동이 된다. 그러나 유감스럽게도 흑백만으로는 이것들
을 구별할 수가 없다.

〈그림 15〉로 되돌아 와서, 직선 AA 위에 배열된 점파원이

점선으로써 가리키는 위상에서 구면파를 복사하면 합성된 파동은 우측 위쪽 방향 및 우측 아래쪽에 대칭으로 진행하는 평면파에 가까운 파동으로 되는 것을 알 수 있다. 이 경우의 파원은 20개뿐이지만, 수많은 파원을 접근시켜 배열하면, 합성된 파동은 보다 평면파를 닮게 된다는 것은 〈그림 11〉의 경우와 같다. 〈그림 15〉의 직선 AA의 위쪽 파동은 직선 AA가 거울이었을 때에 〈그림 14〉와 같이 입사한 평면파의 반사파를 나타내고, AA의 아래쪽은 입사한 평면파가 그대로 진행하는 파동을 나타내고 있다.

### 키르히호프의 수정

하위헌스의 원리에는 한 가지 커다란 결점이 있었다. 〈그림 10〉에서는 직선 AA 위의 점파원으로부터 복사되는 파동은 오른쪽만을 가리켰으나, 점파원은 〈그림 11〉의 위와 같이 구면파를 복사하기 때문에, 〈그림 11〉의 아래와 같이 평면파가 진행하는 방향과는 반대인 왼쪽으로도 평면파를 복사해 버린다. 또 〈그림 15〉에서도 직선 AA의 상하로 평면파가 발생하고 있다. 하위헌스의 원리에 있어서의 이 결점은, 하위헌스로부터 약 200년 후의 독일의 물리학자 키르히호프(G. R. Kirchhoff)에 의하여 수정되는 동시에, 그때까지 이론적인 근거가 애매했던 하위헌스의 원리가 근사적으로 옳다는 것도 키르히호프가 밝혔다.

키르히호프는 점파원이 복사하는 파동은 구면파와 같이 균일한 세기가 아니라, 파동의 진행 방향에 대하여 〈그림 17〉에 보인 것과 같이 하트형의 세기로 하면, 하위헌스의 원리가 거의 정확하게 된다는 것을 제시하였다. 어떤 파원이 공간으로 파동

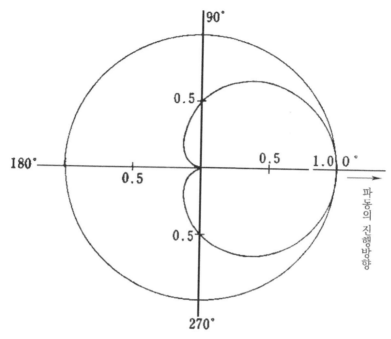

〈그림 17 파동의 진행 방향을 향한 하트형의 지향성
복사파의 진폭은 0° 방면에서 1이라고 하면, 90° 방향에서 180° 방향(역방향)
에서는 0이 된다

을 복사할 때, 각도에 대한 복사의 세기를 나타낸 〈그림 17〉과
같은 그래프를 「지향성(指向性)」이라 하는데, 안테나의 특성을
나타내는 중요한 그래프이다. 〈그림 17〉에서는 각도 $\theta$가 0도
인 평면파가 진행하는 오른쪽이 가장 세고, $\theta$가 180도의 역방
향(왼쪽)으로의 복사는 제로가 되는 것을 나타내고 있다. 〈그림
17〉은 안테나의 지향성으로서는 자주 나타나는 것으로서 「카디
오이드(Cardioid, 심장형)」라고 불리는 지향성이다.
　평면파에 하위헌스의 원리를 적용할 때, 키르히호프의 수정

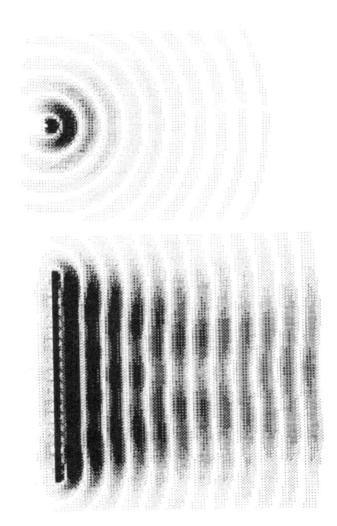

〈그림 18〉 하트형의 지향성(위)을 갖는 파원에서 복사되는 파동(아래). 〈그림 11〉과 같은 조건으로부터 구했으나, 뒤쪽으로는 복사되지 않는 일이 있다

에 의한 새로운 점파원을 이용한 경우를 〈그림 18〉에 보였다. 위의 그림은 하트형 지향성을 갖는 점파원으로부터 복사되는 파동의 상태를 보인 것으로, 오른쪽에는 센 파동이 생기고, 왼쪽으로는 복사되고 있지 않다. 아래의 그림은 점파원의 지향성이 다른 이외는 〈그림 11〉과 같은 조건, 즉 10개의 점파원으로부터 발생하는 파동을 나타내고 있는데, 이것들을 비교하면 종래의 하위헌스의 원리의 결점이 개선되어, 왼쪽으로는 복사되지 않는 평면파가 되는 것을 잘 알 수 있다.

2장부터는 드디어 전류에 의하여 생기는 파동인 전파를 다루는데, 전파가 어떻게 하여 복사되느냐는 것은 불가사의하게도 전파가 알려지기 훨씬 옛날에 생각되었던 하위헌스의 원리로부터 이해할 수 있는 현상이다.

# 2장
# 전파의 근원

여러 가지 안테나 2
자동차 라디오용 안테나

# 1. 전하와 전류

## 근원에 「전하가 있느니라」

모든 동물이 공통으로 지니고 있는 세포와 마찬가지로 안테나의 기능을 분해하면 구면파를 파원으로 하는 하위헌스의 원리에 당도하게 된다는 것은 여러 번 언급하였다. 음파나 음파를 복사하는 **스피커**를 이해하기 위한 준비는 지금까지의 설명으로 충분하다. 그러나 유감스럽게도 음파와 전파는 근본적으로 다르기 때문에 전파나 전파를 복사하는 **안테나**에 관하여는 좀 더 준비가 필요하다.

번개와 같은 자연현상이나 전등 등이 만들어진 것도, 전기에 관한 현상의 근본이 되는 것은 「전하」라고 되어 있다. 이것은 빛이나 전파를 포함하여 전기에 관한 모든 현상은 전하로부터 설명할 수 있다는 것을 의미하며, 거꾸로 전하는 역학에서의 질량과 마찬가지로 처음부터 그 존재를 의심할 여지가 없는 것이다. 「전하는 왜 있느냐?」가 아니라, 「자연계에는 전하가 있다」고 받아들일 수밖에 없다.

전하를 지니고 전하를 운반하는 구실을 하는 입자가 「전자」이며, 전자를 잘 통과시킬 수 있는 금속 등이 「도체」라고 불리는 물질이다. 이것에 대해 고무나 플라스틱과 같이 전자를 통과시키지 않는 물질을 「절연체」 또는 「유전체(誘電體)」라고 부른다. 금속의 내부는 〈그림 19〉에 보였듯이 플러스의 전하를 갖는 큰 원자가 격자 모양(格子狀)으로 배열되고, 그 주위에 마이너스의 전하를 갖는 작은 전자가 방황하고 있는 상태에 있다. 그리고 원자와 전자의 결합이 강하고, 전자가 자유로이 움직일

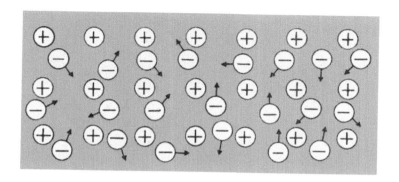

〈그림 19〉 도체의 내부
플러스의 전하를 갖는 원자와 마이너스의 전하를 갖는 전자로써 성립되며, 전자는 자유로이 움직일 수가 있다

수 없는 것이 유전체라 생각되고 있다.

따라서 도체의 내부는 마이너스의 전하를 갖는 전자는 자유로이 통과할 수 있는데, 이처럼 전자가 통과하는 것을 전류가 흐른다고 말하고 있다. 전류가 흐를 때 실제로 전하를 운반하는 것은 주로 마이너스의 전하를 갖는 전자이지만, 이제부터의 설명에서는 편의상, 플러스의 전하가 통과하여 전류가 흐르는 것이라 하고, 플러스의 전하가 움직이는 방향이 전류가 흐르는 방향이라고 하여 다루기로 한다.

그런데 가장 간단한 형상을 한 음파의 발생원으로서 1장에서는 구를 생각하였으나, 전하가 존재하고 있는 상태로서 가장 간단한 형상은 〈그림 20〉의 왼쪽과 같이 구의 표면에 균일하게 분포해 있는 전하이다. 그러나 금속 등의 도체나 플라스틱과 같은 전기를 통과시키지 않는 유전체도 모든 물질은 전기적으로 중성(中性)이며, 플러스의 전하와 마이너스의 전하는 같은

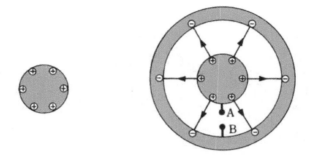

〈그림 20〉 도체구의 표면에 균일하게 분포한 플러스 전하(왼쪽)와 속이 빈 도
체구의 중심에 있는 작은 도체구(오른쪽)

양만큼 포함되어 있다. 이 때문에 〈그림 20〉의 왼쪽과 같이 플러스의 전하가 고립하여 존재하는 일은 적으며 가까이에 마이너스의 전하가 있는 것이 보통이다.

가장 간단한 예로서 왼쪽의 도체구가 도체로 만들어진 속이 빈 커다란 구 안에 있고, 바깥 구의 안쪽 표면에 마이너스의 전하가 균일하게 분포하여 있는 경우를 생각하여 보자(〈그림 20〉의 오른쪽). 다만 속이 빈 곳은 아무것도 없는 진공으로 하고, 플러스의 전하와 대응하는 마이너스의 전하는 화살표가 붙은 「전기력선(電氣力線)」이라 불리는 선으로서 연결되어 있다. 여기서는 전기력선의 자세한 설명은 생략하지만, 모든 물질은 전기적으로는 중성이기 때문에, 플러스의 전하에는 반드시 대응하는 마이너스의 전하가 있고, 그것들을 연결하는 선이 전기력선이라고 생각하면 된다.

## 전류는 진공 속에서도 흐른다

전하의 분포가 〈그림 20〉의 오른쪽과 같이 되는 것은 내부의 도체와 외부의 도체 사이에 전지를 접속하는 등으로 하였기 때문이며, 아무것도 하지 않으면 플러스-마이너스의 전하는 나타나지 않을 것이다. 이를테면 내부도체의 단자 A와 외부도체의 단자 B에 전지를 접속하여, A를 플러스로, B를 마이너스로 하면 전지로부터의 플러스의 전하는 도체인 단자 A로부터 내부의 구를 통과하여 구의 표면에 나타난다. 이것은 도체 내부를 전하가 통과하였기 때문에 전류가 흐른 것을 의미하고, 이 전류는 단자 A로부터 내부의 도체구의 표면까지 흘렀다는 것이 된다.

마찬가지로 마이너스의 전하는 단자 B에서부터 외부의 도체 속을 통과하여 외부도체구의 안쪽 표면에 나타나기 때문에, 도체 내부를 전류가 흐른 것이 된다. 다만 이동한 것은 마이너스의 전하이므로 전류는 외부도체구의 안 표면에서부터 도체 속을 통하여 단자 B까지 흐른다. 즉 A 단자로부터 내부의 도체구로 향하여 전류가 흐르고 있고, 그 전류는 외부의 도체에 연결된 B단자로부터 되돌아온다. 내부의 도체와 외부의 도체 사이는 진공이기 때문에 이들 사이에 전류가 흐른다고는 생각하기 어렵지만, 사실은 진공에서도 전류는 흐른다.

라디오나 텔레비전 등의 전기회로를 구성하는 중요한 부품의 하나에 콘덴서(Condenser)가 있다. 콘덴서는 원리적으로 〈그림 21〉에 보인 것과 같이 두 장의 도체판으로 구성되어 있는데, 여기서는 도체판의 면적을 S, 도체판의 간격을 d라고 하자. 가정용 전원인 주파수 50Hz, 전압 100V의 두 가닥의 선을 상하

〈그림 21〉 평행으로 놓인 두 장의 도체판(콘덴서)
도체판의 면적을 S, 간격을 d라 한다. A, B는 각 도체판에 접속된 단자

의 도체판에 부착된 단자 A와 단자 B에 각각 접속하였을 때 전류는 어떻게 흐르는 것일까?

전기회로의 계산법에 따르면, 흐르는 전류는 도체판의 면적 S에 비례하고 간격선에 반비례한다. 이를테면 도체판의 간격이 1㎝, 도체판의 면적이 1㎡(사방 1m)인 경우에는 0.028mA(밀리암페어)의 전류가 흐른다. 도체판의 크기가 사방 100m가 되면 이 전류는 0.28A(암페어)로 되어 28W의 전등에 해당하는 전류가 된다.

더욱 중요한 일은 콘덴서에 흐르는 전류의 크기는 두 장의 도체판에 가해지는 전압진폭의 시간에 대한 변화에 비례하는 성질을 지니는 점이다. 〈그림 13〉에서 설명하였듯이, 파동진폭의 시간에 대한 변화는 주파수가 높아질수록 커지기 때문에 콘덴서에 흐르는 전류는 주파수에 비례한다. 〈그림 21〉의 예에서 든 도체판의 간격 1㎝, 면적 1㎡ 경우는 전압 100V, 주파수 50Hz인 때의 전류는 0.28mA이었으나, 같은 전압이라도 텔레비전 방송의 주파수인 100MHz가 되면 58A라는 매우 큰 전류가 흐른다.

두 장의 도체판인 콘덴서에 전류가 흐른다는 것은 위와 같은 주변에서 할 수 있는 실험으로도 확인되지만, 이 전류는 **아무것**

도 없는 도체판 사이를 흐르는 것이다. 도체에는 전류가 흐르기 때문에 송전선은 전기에너지를 운반할 수 있는 것으로부터 알 수 있듯이, 진공 속으로 전류가 흐른다는 것은 콘덴서에 흐르는 전류를 잘 이해하는 것이 중요하다. 전파를 발생하는 근원에는 전하가 있지만, 직접으로 전파와 결부되는 것은 다음에서 말하는 다이폴에 의한 전류이다.

## 2. 다이폴

### 플러스와 마이너스의 쌍

더 이상 나눌 수 없다는 의미의 「아톰(Atom)」이 원자의 어원이다. 그러나 물질의 화학적 성질 등을 이해하기 위해서는 원자보다 원자의 집합인 분자에서부터 설명하는 것이 알기 쉽다. 또 동물일 것 같으면 분자의 집합인 세포에서부터 설명하는 편이 알기 쉬워진다. 전기의 근원은 전하이지만, 전기에 관한 현상을 이해하기 위해서는 플러스-마이너스의 전하의 「쌍」인 「다이폴」을 바탕으로 하는 편이 알기가 쉽다. 다이폴은 우리 주변에 있는 전류의 근원이 되는 "원자"이며, 전파를 복사하는 안테나의 "세포"이기도 하다.

플러스의 전하, 또는 마이너스의 전하는 고립하여 존재하는 일이 적다. 이 때문에 〈그림 20〉의 오른쪽과 같은 플러스, 마이너스의 전하를 갖는 동심구를 생각했는데, 이 경우의 전하는 도체의 내부에 가두어져 있기 때문에 유감스럽게도 외부의 공간과는 관계가 없는 전하이다. 외부로 열린 전하이고 또 대응

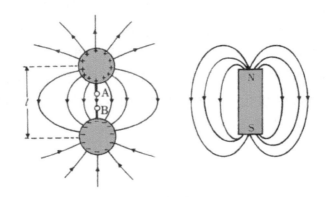

〈그림 22〉 다이폴(좌)과 자석(우)

플러스, 마이너스에 대전한 도체구의 쌍. 전기현상을 이해할 때의 기본이 된다. $l$은 도체구의 간격, A, B는 도체구에 접속된 단자

하는 플러스, 마이너스의 전하가 존재하는 가장 간단한 예는 〈그림 22〉에 보였듯이 간격 $l$로 상대하는 도체구에 플러스, 마이너스의 전하가 분포하는 경우일 것이다.

대응하는 플러스와 마이너스의 전하는 전기력선으로써 연결하였으나, 플러스의 전하가 있는 구를 자석의 N극, 마이너스의 전하가 있는 구를 S극이라 하면, 자석 주위의 쇳가루 등이 배열하는 방향은 전기력선의 방향과 같다. 자석의 N극이나 S극, 지구의 북극이나 남극의 극을 가리켜 영어로 「폴(Pole)」이라고 하는데, 〈그림 22〉에서는 플러스와 마이너스의 2개(di)의 극이 쌍으로 되어 있기 때문에 다이폴이라고 한다.

앞에서 보인 동심구 모양의 전하와 마찬가지로, 〈그림 22〉의 경우도 아무 것도 하지 않으면 상하의 도체구에는 전하가 나타나지 않을 것이다. 즉 단자 A와 B에 전지를 접속하여 A를 플러스로, B를 마이너스로 하였기 때문에 그림과 같은 전하가 나타난 것이다. 이 경우에도 단자 A로부터 위의 도체구로 향하여 플러스의 전하가 이동하기 때문에 전류가 흐른 것으로 되고, 이 전류는 전하의 부호를 바꾸어 생각하면 알 수 있듯이, 아래의 도체구로부터 단자 B로 되돌아와 흐른다. 〈그림 20〉의 동심구나 〈그림 21〉의 콘덴서의 경우와 마찬가지로 이 전류는 화살표로 가리키는 전기력선을 따라가며, 위의 도체구로부터 아래의 도체구로 향하여 **공간을 흘러온 전류**이다.

## 전류가 공간으로 흐르면 전파가 나간다

공간으로 전류가 흐르는 것이 안테나에서부터 전파가 복사되는 요점이다. 그러나 아무것도 없는 공간을 전자와 같은 전하를 갖는 것이 이동하는 일도 없이 전류가 흐른다고 하는 것은, 따지고 들면 전문가라도 대답이 궁색하다. 그래서 공간에 흐르는 전류에 대하여 좀 더 자세히 생각하여 보기로 하자.

이 경우에 도움이 되는 것이 콘덴서이다. 두 장의 평해한 도체판(〈그림 21〉 참조)의 단자 AB에 교류전압을 걸어 주면, 도체판 사이에 전류가 흐른다는 것은 간단한 실험으로써 확인할 수 있다는 것은 이미 설명하였었다. 여기서 〈그림 21〉의 도체판의 한 변을 1/2로 하고, 즉 면적을 1/4로 한 4장의 도체판을 상하로 겹쳐 본다. 이것이 〈그림 23〉의 ⑴이다. 〈그림 21〉의 도체판의 간격 1cm, 면적이 1㎡인 때, 단자 AB에 걸어주는 전압이 100V, 주파수 50Hz인 때 0.028mA의 전류가 흘렀다. 따라서 〈그림 23〉의 ⑴ 도체판의 단자 A, B에 같은 전원을 접속하면, 도체판의 면적은 50㎠의 1/4이 되므로 전류도 1/4이 된

58

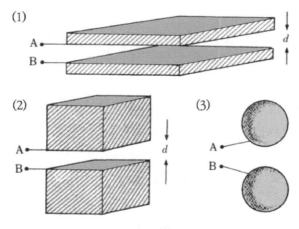

〈그림 23〉 콘덴서의 변형

⑴ 〈그림 21〉의 도체판의 한 변을 1/2이 되게 절단하여 4장의 도체판을 상하로 겹친 콘덴서

⑵ ⑴의 도체판의 한 변을 1/2이 되게 절단하여 4장의 도체판을 상하로 겹친 콘덴서

⑶ ⑵의 직사각체의 도체의 모서리를 제거하여 구로 한 콘덴서

다. 다만 주파수를 4배인 200Hz로 하면 같은 전류 0.028mA를 흘려보낼 수가 있다.

도체판의 한 변의 길이를 다시 1/2로 하여 도체판을 상하로 겹친 것이 〈그림 23〉의 ⑵이다. 도체판의 간격 d는 전과 같고, 연적은 25㎠로 되기 때문에 100V의 전압으로 먼저와 같은 크기의 전류 0.028mA를 흘리기 위해서는, 주파수를 다시 4배인 800Hz로 하면 된다. 〈그림 23〉의 ⑶은 위의 (2)의 도체판의 각을 없애고 둥글게 한 것으로서, 급전선(給電線)의 위치를 바꾸면 〈그림 22〉와 같은 구조이다. 도체의 형상이 직육면체에서부터 구로 바뀌더라도 전기적으로는 비슷한 성질을 갖는 것이다.

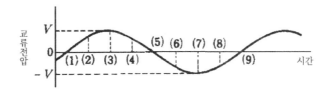

〈그림 24〉 교류전압

이처럼 아무것도 없는 도체판 사이에 흐르는 전류의 크기는 도체판의 면적과 주파수에 비례하기 때문에, 큰 전류를 흘려보내기 위해서는 도체판의 면적을 크게 하거나 또는 주파수를 높이면 된다. 도체판의 면적을 크게 한 것이 〈그림 21〉인데, 〈그림 23〉의 ⑵와 비교하면 공간으로 흐르는 전류는 도체판 사이에 밀폐되어, 바깥으로는 새어나가기 어렵다는 것을 직관적으로 이해할 수 있다. 반대로 〈그림 23〉의 ⑵에서는 도체판 사이에 흐르는 전류는 밀폐되는 부분이 적고 바깥으로 새어나가기 쉽다. 다만 〈그림 21〉과 같은 크기의 전류를 흘려보내기 위해서는, 주파수를 16배로 한다는 것은 이미 설명한 바와 같다. 주파수가 높을수록 전파가 복사되기 쉬운 이유이기도 하다.

〈그림 24〉는 시간을 가로축으로 하여 교류전압의 크기를 보인 그래프이다. 이 그림의 ⑴~⑼의 시간일 때의 전압이 상하의 도체구에 가해졌을 때의 전하의 상태를 〈그림 25〉에 보였는데 주파수는 매우 낮다. 즉 전압은 천천히 변화하는 경우에 해당한다. 대응하는 플러스, 마이너스의 전하는 전기력선으로 연결되어 있다.

〈그림 25〉의 ⑴은 〈그림 24〉의 ⑴ 경우이므로 도체 구 사이

60

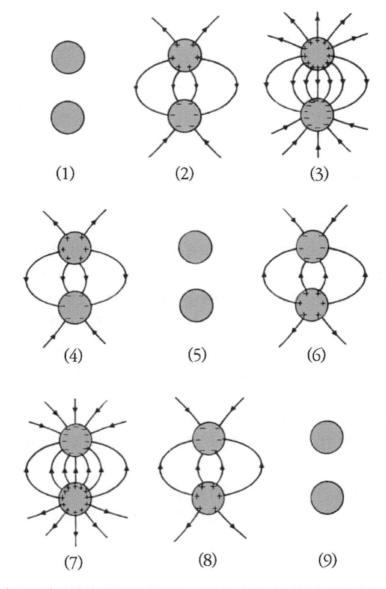

〈그림 25〉 상하의 도체구에 가해지는 전압이 〈그림 24〉의 (1)~(9)인 때의
전하 분포

의 전압은 제로이고 전하는 나타나지 않는다. ⑵에서는 위의 도체구에는 아래에 대해 플러스의 전압이 가해지므로, 위에는 플러스의, 아래에는 마이너스의 전하가 나누어져서 분포하기 때문에 그림과 같이 전기력선으로 연결할 수가 있다. ⑶에서는 더 큰 전압이 되기 때문에 플러스, 마이너스로 갈라져서 분포하는 전하의 양도 많아진다는 것을 그림에서 가리키고 있다.

〈그림 24〉의 교류전압으로부터도 알 수 있듯이, ⑷와 ⑸는 각각 ⑵와 ⑴에 같아진다. ⑹이 되면 상하의 도체구에 가해지는 전압은 역전하기 때문에, 위의 도체구에는 마이너스의 전하가, 아래의 도체구에는 플러스의 전하가 나타난다. 전하의 양은 ⑹, ⑺, ⑻은 각각 ⑵, ⑶, ⑷와 같아진다는 것은 교류전압의 형상으로부터 이해할 수 있었을 것이다.

그런데 전압이 시간과 더불어 고속으로 변화하는 경우를 생각하면, 〈그림 25〉의 ⑴에서부터 ⑼까지 고속으로 옮겨 갈 것이다. 즉 위에서부터 아래로 향해 공간을 전류가 흐르기 시작하고, 어느 크기가 되고나서부터 감소하며, 다음 순간에는 전류는 공간을 아래서부터 위로 흐른다. 이것은 마치 〈그림 4〉에서 보인 것과 같은 구의 지름이, 시간과 더불어 주기적으로 변화하는 음파의 발생원을 닮고 있다.

사실은 〈그림 25〉의 다이폴은 〈그림 4〉의 음파의 발생원에 대응하는 가장 기본적인 전파의 발생원이다.

〈그림 26〉은 〈그림 25〉 ⑴⑵⑶…에 대응하여, 전압이 고속으로 변화한 경우의 전기력선(전파)이 퍼져 나가는 상태를 모형적으로 제시한 것이다. 이와 같이 **전파**는 그림의 가로 방향으로 강하게 복사된다는 것이 〈그림 4〉와 같이 구대칭으로 복사되는

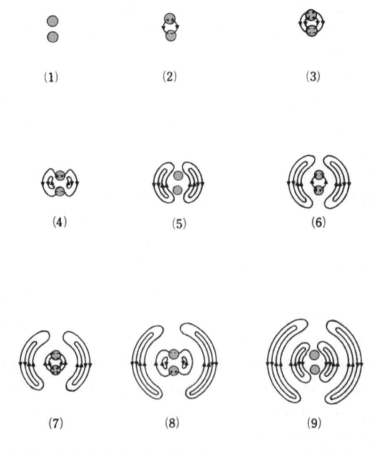

(1)    (2)    (3)

(4)    (5)    (6)

(7)    (8)    (9)

〈그림 26〉〈그림25〉에 보인 도체구의 전하가 ⑴⑵~⑼까지 시간적으로
급속히 변화한 때의 전기력선의 모양

음파와 다른 점이다. 다이폴에서부터 복사되는 전파는 가로 방
향이 가장 강하고, 세로 방향에서는 제로가 되어 지향성은 〈그
림 27〉과 같이 된다는 것이 실제로 알려져 있다.

이것은 그 형상으로부터 8자 패턴이라 불리고(가로 방향이지

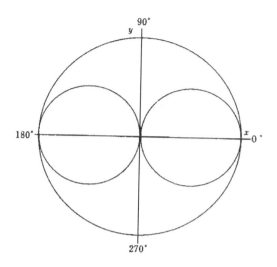

〈그림 27〉 다이폴의 지향성은 8자형이 된다. 다이폴의 플러스,
마이너스의 전하는 그림의 세로축(y축) 위에 있다

만), 정확한 원이 옆으로 두 개가 배열된 형상이다. 패턴(Pattern)
은 「형(型)」을 말하는 것으로 안테나의 지향성을 패턴이라고 하
는 경우가 많다.

하위헌스의 원리는 빛의 파동설을 설명하기 위하여 생겼지
만, 그 후 키르히호프에 의하여 점파원의 지향성으로서, 〈그림
17〉에 보인 하트형의 지향성을 사용하면 하위헌스의 원리가 옳
다는 것이 제시되었다. 그래서 하트형 지향성 대신 〈그림 27〉
의 8자형 지향성을 사용하여, 〈그림 18〉의 위 그림과 마찬가지
로 1개의 점파원이 복사하는 파동을 보인 것이 〈그림 28〉이다.

### 전파가 보이면……

크기가 진동하는 구에서부터 복사되는 음파는 공기의 밀도로

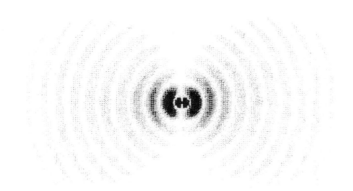

〈그림 28〉 미소다이폴(지향성은 〈그림 27〉)이 복사하는 전파

되어 동심구 모양으로 퍼져 나가기 때문에, 음파의 상태는 〈그림 5〉와 같이 점 집합의 밀도로서 나타내었다. 전파는 입자가 아니기 때문에 전파의 상태를 음파와 같이 나타내는 것은 적당하지 않지만 전파가 센 곳을 밀도가 많은 점으로, 약한 곳은 밀도가 적은 점으로써 나타낼 수는 있다. 전파의 세기가 점의 밀도에 비례하도록 표현하면, 전파를 직관적으로 이해하는 데 도움이 되리라고 생각된다. 〈그림 28〉은 이 방침 아래서 얻은 다이폴이 복사하는 전파의 상태이다. 다만 〈그림 22〉에 보인 도체구의 크기와 간격 $l$ 은 더불어 매우 작다고 하고 있다. 간격 $l$ 이 매우 작은 경우는 「미소(微小)다이폴」이라고 한다.

　〈그림 28〉의 점의 밀도가 짙은 곳은 전파가 센 곳이기도 하지만, 〈그림 26〉으로부터 알 수 있듯이 전파의 방향(전기력선의 방향)은 시간과 더불어 반전하기 때문에, 〈그림 28〉의 밀도에서도 전류의 방향은 번갈아 가며 반전하고 있다. 미소다이폴이 만드는 전파는 긴 수식으로써 나타내어지는데, 〈그림 28〉에 보

인 전파의 세기는 다이폴에서부터 1파장쯤 떨어지면 매우 정확하며, 먼 곳에서는 더욱 정확하다. 즉 미소다이폴이 복사하는 전파는 하위헌스가 가리킨 점파원이 복사하는 구면파의 세기를, 구대칭 대신 원이 두 개 배열된 8자형으로 하면 된다. 전파가 어떻게 발생하느냐는 것은 어려운 문제이다. 그러나 전파의 기본적 발생원인 미소다이폴로부터의 전파는 의외로 간단한 방법으로써 나타낼 수가 있다. 「자연은 단순을 좋아한다」는 격언을 상기시키는 사항이다.

송전선과 같이 전선에 흐르는 전류는 미소다이폴의 연결로서 나타낼 수 있기 때문에, 미소다이폴은 「전류소자(電流素子)」라고도 불린다. 전류를 더 이상 분해할 수 없는 미소다이폴의 집합으로서 다루는 것이다. 이와 같이 도체선을 흐르는 전류는 미소다이폴의 연결로서 나타낼 수 있고, 그 미소다이폴이 복사하는 전파는 구해져 있는 것이므로 여러 가지 형상의 도체선으로 구성되어 있는 안테나가 복사하는 전파를 알 수가 있다.

안테나의 「세포」인 미소다이폴에서부터 복사되는 전파는 간단히 도시할 수 있었으나 이것으로 전파가 왜 미소다이폴에서부터 복사되는지가 명확해진 것은 아니다. 전파가 복사되는 것은 첫째로 두 개의 도체 사이의 **공간에 전류가 흐른다**는 것이며, 둘째로는 그 전류가 외부로 **새어버리기** 때문이라고 할 수 있다. 콘덴서는 전파가 새어 나가지 않게 도체판의 간격을 작게 하고 또한 도체판의 면적을 크게 하는 것이 보통이다. 따라서 안테나로부터 전파가 복사되는 근본은 「공간에 전류가 흐른다」는 것이다. 그러나 콘덴서에 흐르는 전류는 알고 있어도 이 공간에 흐르는 전류는 좀처럼 이해하기 힘든 전류이며, 안테나

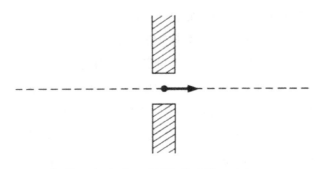

〈그림 29〉 슬리트 사이를 통과하는 전자(●표)

의 기술자들 사이에서도 논쟁거리가 되는 일이 있다.

필자가 학생 시절에는 전기계통의 학과에서는 양자역학(量子力學) 강의가 없었기 때문에 흥미 본위로 물리학과에서 청강하였다. 그때 「불확정성 원리(不確定性原理)」의 대목에서 있었던 사건이다. 이를테면 〈그림 29〉의 슬릿(Slit) 속의 점선은 전자가 통과하는 것으로 예상되는 궤도이다. 실제로 전자가 어디를 통과하였는가를 관측하기 위해서는 빛을 부딪치게 해야 하며, 빛이 부딪치면 그 에너지 때문에 가벼운 전자의 위치는 점선의 상하로 흐트러져버리고, 정확한 위치를 모른다고 하는 것이 불확정성 원리이다.

빛을 부딪쳐서 관측하면 전자는 점선의 상하로 흐트러지기 때문에, 빛을 부딪치지 않으면 전자는 점선 위를 통과하는 것이 아닐까 하는 나의 의문에 대하여, 선생님의 대답은 「전자의 위치는 모른다」는 것으로 일관하였다. 그래서 「선생님은 전자가 어디를 통과하고 있다고 생각하십니까?」라고 질문했더니, 좀 큰 소리로 「100년 후의 물리학이 어떻게 될는지는 모르겠지만, 관측이 불가능한 것은 모른다고 하는 것이 현재 물리학의 입장이다. 그것으로도 원자폭탄이 만들어졌으니까 그 것이면 되었지 않은가」라는 대답이었다. 「아무것도 없는 공간 에 정말로 전류가 흐르고 있을까?」라는 의문에 대하여는, 「그 러한 생각으로 안테나를 설계하면, 예상했던 대로의 특성이 얻어지고 통신이 되니까 되었지 않은가」라고 하는 것도 하나 의 대답이다.

또 전기의 근원이 전하인 것처럼, 중력의 근원은 질량이다. 그러나 마이너스의 전하는 어떤 것에 대하여 마이너스인 질량 은 보통으로는 존재하지 않는다. 따라서 플러스, 마이너스 질량 의 쌍인 중력의 다이폴이나 전류에 대응하는 질량의 흐름은 없 기 때문에, 전자기파와 같은 센 중력파(重力波)는 존재하지 않는 다고 하는 것이 보통의 사고방식이다.


## 3. 송전선에서의 전자와 전류

### 전류는 광속으로 진행한다

우리는 매일 전기, 가스, 석유 등의 형태로 다량의 에너지를 소비하고 있다. 전기와 가스는 자동으로 보내져 오는 곳이 비슷 하다. 석탄에 비교하면 파이프로 운반할 수 있는 가스나 석유는 수송에 적합한 에너지이지만, 전기는 가스와 같은 물질이 아니 므로, 가스의 누설도 없어 에너지의 수송에는 매우 적합하다.

전기에너지는 두 가닥, 또는 세 가닥으로 되어 있는 송전선 으로써 보내진다. 발전소로부터 보내지는 대전력의 송전은 세 가닥의 도체선을 사용한 삼상교류(三相交流)라고 일컬어지는 방식으로 보내지고, 가정용 등 소전력의 송전은 두 가닥의 도체선에 의한 보통의 교류가 사용된다. 여기서는 이해하기 쉽게 후자인 보통의 교류에 대해 생각해 보기로 하자.

발전기에서 발생한 교류를 송전선으로 송전하여 전등 등의 저항에 소비되는 상태를 보이면 〈그림 30〉과 같이 된다. 왼쪽 끝은 교류전원의 기호이고, 동그라미 속의 파동의 모양은 교류전압 등의 파형을 나타내며, 또 오른쪽 끝은 전등과 같은 저항의 기호로서, 전력을 열이나 빛으로 바꾸어 소비하는 것을 가리키고 있다. 이들 사이에 있는 두 가닥의 도체선이 송전선이며, 상하의 도체 사이에는 전압이 있기 때문에, 지금까지 여러 번 설명했듯이 플러스, 마이너스의 전하가 나타나 있다. 그림 아래에는 전압의 파형을 나타내었다.

전파는 공간을 광속으로 진행하는데 〈그림 30〉의 파형도 광속으로 오른쪽으로 진행한다. 광속으로 진행하는 것은 송전선의 파장을 측정하여, 미리 알고 있는 1주파수와 파장을 곱한 값이 광속으로 되어 있는 것으로부터 확인된다. 주파수가 50Hz에서는 파장은 6,000km가 되므로 측정이 곤란하지만, 텔레비전 신호의 송전선인 피더(Feeder)에서는 파장이 3m 정도 (주파수 100MHz)이므로 측정이 쉽다. 헤르츠가 전파의 존재를 확인한 것도, 현재의 텔레비전 방송과 거의 같은 주파수로써 실험하여, 파장과 주파수를 측정하여 그 곱한 값이 광속이 된다는 것을 근거로 하였던 것이다.

그런데 교류의 파형(〈그림 30〉 아래)이 광속으로 오른쪽으로 진행한다는 것은 플러스, 마이너스의 전하도 광속으로 오른쪽으로 진행하는 것을 의미한다. 나는 중학생 시절의 과학시간에

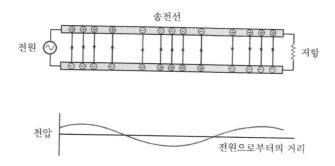

〈그림 30〉 전원으로부터 저항까지 전력을 보내는 송전선 내의 전하. 송전선
사이의 전기력선(위, 화살표) 및 송전선 사이의 전압(아래)

전기는 마이너스의 전하를 갖는 전자가 운반한다는 것, 전기는
1초 동안에 지구를 일곱 바퀴 반을 돈다는 것, 또 교류전압 등
을 배웠었다. 당시에 살고 있던 우쓰노미야(宇都宮) 지방의 전력
은, 100㎞ 떨어져 있는 후쿠시마(福島)의 이나와시로(猪苗代) 수
력발전소로부터 보내지고 있다고 들었는데, 가느다란 두 가닥
의 동선 속에서는 전자가 서로 반대 방향으로 광속으로 진행하
고 있고, 1초 동안에 50번이나 이나와시로와 우쓰노미야를 왕
복하는 것이라고 생각하니 정말로 이상한 생각이 들었었다. 전
자는 가볍다고 하더라도 전선은 직각으로 구부러지는 곳이 있
으므로 광속의 속도로는 동선의 벽에 충돌 할 것이라고, 집 앞
의 전주에 쳐진 전선을 유심히 바라보았던 기억이 있다.
　질량(質量)을 갖는 것이 광속으로 접근하면, 질량은 무한히 증
가한다는 것이 상대성원리가 가르치는 바이다. 따라서 질량을
갖는 전자가 광속으로 움직인다는 것은 불가능하고, 또 전자가
광속으로써 움직이지 않더라도, 현상은 광속으로 이동할 수 있

다는 것을 이해하게 된 것은 훨씬 후의 일이다. 도체 속에는 플러스의 전하를 갖는 움직이지 않는 큰 원자가 있고, 그 주위를 가벼운 전자가 자유로이 운동하고 있다(〈그림 19〉 참조). 구리 등으로 되어 있는 송전선 속에도 〈그림 19〉와 같이 되어 있는데, 송전선으로 전력을 보내고 있을 때의 전자의 움직임은 어떻게 되어 있을까?

## 전자는 진동만 할 뿐

전압이 가해져 있지 않은 때의 송전선이 〈그림 31〉의 (1)이다. 송전선 속에는 플러스의 전하를 갖는 원자가 정연하게 배열된 상태를 모형적으로 제시하였다. 마이너스의 전하를 갖는 전자도 원자와 같은 수만큼 있다. 전자는 원자처럼 고정되어 있지 않는 것이 도체인데(〈그림 19〉 참조), 전자의 움직임을 조사하기 위해, 미리 기본위치를 정하여 〈그림 31〉의 (1)과 같이 원자와 대응시켜 나타내었다. 전압을 가할 수 없을 때에 전자는 이 위치를 중심으로 무질서한 운동을 하고 있다. 또 전자의 움직임을 관찰하기 편리하도록 특정 위치의 표지가 되는 전자를 검은 점으로 표시하였다.

송전선에 발전기 등의 전원을 접속하여 전력을 보내고 있을 때의 어느 순간을 보인 것이 〈그림 31〉의 (2)이다. 상하의 도체 사이에는 전압이 가해져서 플러스, 마이너스의 전하가 나타나는데, 플러스의 전하를 갖는 원자는 고정되어 있기 때문에, 마이너스의 전하를 갖는 전자가 적당히 이동한 결과로서 플러스, 마이너스의 전하가 나타난 것처럼 보인다. 이 경우의 전압을 아랫쪽에 나타내었는데, 전압이 마이너스인 위치에 많은 전자

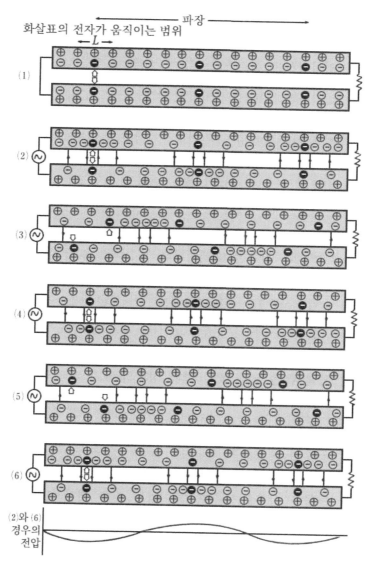

〈그림 31〉 송전선 내의 전자의 움직임과 전력의 전송. (2)에서부터 (6)까지가
1주기이고, 검은 전자는 표지이다

가 모이고, 또 플러스인 전하는 원자의 쌍(짝)이 되어야 할 전자가 이동해 버려 전자가 없는 곳에 나타나는 것을 알 수 있다. 또 전기력선은 플러스의 전하가 많은 곳에서부터 나와 마이너스의 전하가 많은 곳에서 끝나 있다.

〈그림 31〉의 두 단째 (2)로부터 시간이 1/4 주기가 경과했을 때의 상태가 세 단째의 (3)이며, 전기력선은 그대로의 형태로 오른쪽으로 1/4 파장만큼 진행하고 있는 것을 안다. 다만 전압 파동의 이동은 전자의 밀도가 짙은 곳(또는 얇은 곳)이 이동하기 때문이며, 전자 그 자체의 움직임은 파동의 움직임보다 느리다는 것을 알 수 있을 것이다. 네 단째는 다시 1/4 주기의 시간이 지난 경우로, 파동은 (2)에서부터 1/2 파장을 진행하고, 전자의 밀도가 짙은 위치는 중앙의 검은 점으로 표시 한 전자의 위치에 도달하여 있다. 다섯 단째는 최초부터 3/4 주기 후이고, 여섯 단째는 다시 1/4 주기를 지나 최초와 같은 상태로 되돌아온 경우이다. 파동은 1파장만큼 오른쪽으로 진행하여 있다. 그림의 아래 끝은 (2)와 (6)인 때의 상하의 도체 사이의 전압파형이다.

〈그림 31〉의 (2)에서부터 (6)까지의 세로 방향을 보면, 개개 전자는 좌우로 진동하고 있는데, 전자의 밀도가 짙은 위치는 오른쪽으로 진행하는 것을 알 수 있다. 바다의 파동이 진행할 때도 바닷물은 상하로 진동할 뿐이라는 것을 생각하면 당연하지만, 전압파동도 전자는 진동할 뿐이고 파동은 광속으로 진행하는 것이다. 〈그림 31〉의 위 끝에는 1파장의 길이가 화살표 (→)의 전자가 이동하는 범위(거리 L)를 보였는데, 이 전자는 1주기에 왕복 합쳐서 1/3파장을 이동하는 것을 안다. 가정용의

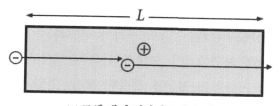

(1) 도체 내의 전자가 1개일 때

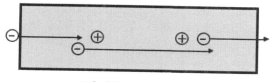

(2) 도체 내의 전자가 2개일 때

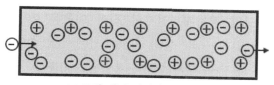

(3) 도체 내의 전자가 많을 때

〈그림 32〉 길이 L인 도체 내를 전자가 이동하는 상태

송전선에서는 주파수 50Hz에서 1주기는 0.02초, 파장은 6,000㎞이므로, 전자는 평균 0.02초 사이에 2,000㎞라는 굉장한 고속(광속의 1/3)으로 움직이는 것이 된다.

그런데 구리와 같은 도체에 전류가 흐르고 있는 경우, 그 속에서 전자가 실제로 이동하는 속도는 1초 사이에 10㎝ 정도이다. 〈그림 31〉에 보인 전자의 운동은 광속보다는 느리다고 하더라도 초속 10㎝란 굉장한 차이인데, 이 비밀은 도체 속에 막대한 양의 전자가 함유되어 있기 때문이다.

〈그림 32〉에는 〈그림 31〉의 전자가 이동하는 거리 L과 같은 길이의 도체를 보였다. 이 도체의 왼쪽 끝에서부터 오른쪽 끝까지 전자가 이동하는 경우를 생각해 보자. 만일 이 도체 속에 함유되는 전자가 1개라고 하면, 새로 들어온 전자가 속으로 들어가고, 속에 있던 전자가 바깥으로 나오기 때문에, 전자의 평균 이동거리는 L/2이 될 것이다(〈그림 27〉의 ⑴ 참조) 마찬가지로 함유되는 전자가 두 개로 된다면 전자의 평균 이동거리는 L/3이 된다(〈그림 32〉의 ⑵ 참조).

실제의 도체에는 〈그림 32〉의 ⑵에 보였듯이 수많은 전자가 함유되어 있기 때문에, 왼쪽 끝에서부터 전자가 들어가면 오른쪽 끝에 있는 전자가 튀어나가 등가적(等價的)으로 전자는 L만큼 이동한 것이 되는데, 전자의 진짜 이동은 아주 근소하다는 것을 알 수 있다. 구리 등의 도체에서는 $1cm^3$ 속에 $10^{21}$이라는 막대한 양의 전자(이 전자의 전하 총량은 160쿨롱)가 함유되어 있기 때문에, 전자의 이동은 초속 수 센티미터이더라도, 전압의 파동은 광속으로써 진행할 수가 있는 것이다.

송전선의 도체 속에는 전자가 진동하고 있다. 이 전자의 이동이 전류이며, 전자가 빠르게 이동하면, 또 이동하는 전자의 밀도가 크면 많은 전류가 흐른 것이 된다. 〈그림 31〉의 경우에 전자의 이동을 잘 관찰하면, 전자의 밀도가 큰 위치에서는 전자의 속도도 크다는 것을 알 수 있다. 따라서 이 위치에는 큰 전류가 흐르고 있는데, 도체 속을 흐르는 전류는 미소다이폴의 조합으로써 나타낼 수가 있다. 미소다이폴로부터 전파가 복사되기 때문에, 송전선으로부터도 당연히 전파가 복사된다. 그렇다면 송전선으로부터는 어떤 전파가 복사되는 것일까?


# 4. 송전선과 안테나의 차이

## 송전선으로부터 복사되는 전파

도체 속에 전류가 흐르는 것과 전파가 복사되는 것은 밀접한 관계가 있는데, 큰 전류가 흐르는 송전선으로부터 전파가 복사된다고 하면, 송전선의 도중에서 전파로서 에너지가 상실되기 때문에 전력을 보내는 효율이 저하할 뿐 아니라 복사된 전파는 다른 방송이나 통신에 혼신을 주게 되어 큰 문제가 될 것이다.

전하의 양이 시간과 더불어 변화하면 거기에 전류가 흐른 것으로 되고, 전류의 가장 기본이 되는 것은 플러스, 마이너스의 전하의 쌍인 다이폴이라는 것은 앞에서 보인 그대로다(〈그림 22〉, 〈그림 25〉 참조). 송전선처럼 긴 도체에 전류가 흐르는 경우도 다이폴로 분해하여 생각할 수 있다.

〈그림 33〉의 ⑴과 ⑵에는 같은 다이폴을 상하로 약간 쳐지게 하여 보였다. 이 두 개의 다이폴을 가로 방향으로 쳐지게 하여 (d를 제로로 하여) 겹쳤을 경우에는, 중심의 전하는 플러스, 마이너스가 같은 크기이기 때문에, 나가는 전기력선과 들어가는 전기력선은 서로 상쇄될 것이다. 따라서 전기력선은 발생하지 않기 때문에 중심에는 전하가 없는 것과 같으며 〈그림 33〉의 ⑶과 같이 된다.

각각의 다이폴의 전하량이 시간과 더불어 증가할 때는, 아래서부터 위 방향으로 거리 $\ell$ 만큼 전류가 흐른 것이 되는데, 두

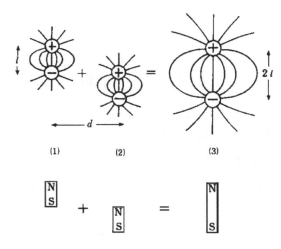

〈그림 33〉 짧은 다이폴과 자석의 중합. (1)과 (2)를 중합하면 (3)이 된다. 반대로 (3)은 (1)과 (2)로 분해할 수 있다

개의 다이폴을 겹치면 같은 전류가 거리 $2l$ 만큼 흐른 것이 된다. 반대로 거리 $2l$ 만큼 흐르는 전류는 거리 $l$ 만큼 흐르는 두 개의 전류로 분해할 수가 있다. 이것은 플러스, 마이너스의 전하의 간격 $l$ 이 파장에 비교하여 작을 때는 정확하게 성립되는 관계이기 때문에, 짧은 거리를 흐르는 전류에서는 양단의 전하만을 생각하면 된다.

또 이와 같은 관계는 〈그림 33〉의 아래쪽에 보인 길이 $2l$ 의 막대자석을 절반으로 자르면 길이 $l$ 의 두 개의 막대자석이 되는 것과 같으며, 어느 거리를 흐르는 전류는 미세하게 분해하여, 아주 짧은 거리를 흐르는 전류의 합으로서 나타낼 수 있는 것이다. 아주 짧은 거리를 흐르는 전류를 「전류소자」라고 말하는 것은, 이것이 전류의 바탕이 되는 것으로서 이 이상 더

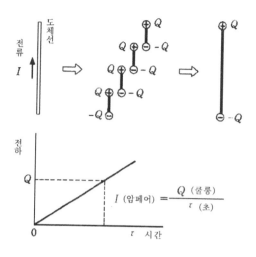

〈그림 34〉 한 가닥의 도체선에 흐르는 직류 전류
(상) 도체선에 흐르는 전류 I와 플러스, 마이너스의 전하 Q와 -Q를 갖는 다
이폴. (하) 전하 Q와 전류 I의 관계

작게는 분해할 수 없기 때문이다. 전류소자는 또 미소다이폴이
라고 불린다는 것은 이미 설명하였다.

　이를테면 짧은 한 가닥의 도체선에 일정한 크기의 전류, 즉
직류 IA가 흐르고 있을 경우를 생각해 보자(〈그림 34〉 참조). 이
와 같은 도체선에 일정한 전류를 흘려보낸다는 것은 현실적이
못되지만, 〈그림 34〉의 위에서 보였듯이, 이 전류는 플러스,
마이너스의 전하 Q와 -Q를 갖는 다이폴의 연결로서 분해할 수
가 있다. 자석과 마찬가지로 최종적으로는 상하의 끝에 있는
플러스, 마이너스의 전하로 이 전류를 나타낼 수 있을 것이다.
전하가 이동한 결과가 전류이기 때문에, 〈그림 34〉와 같이 전
류를 흘려보내기 위해서는 전하 Q는 〈그림 34〉 아래에서 보이

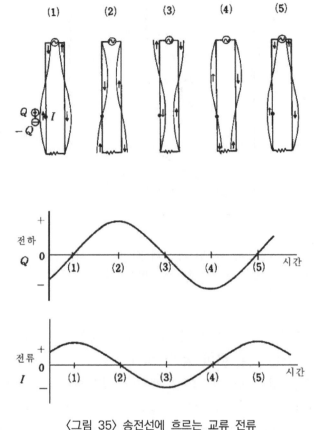

〈그림 35〉 송전선에 흐르는 교류 전류
(상) 1/4주기마다 보인 송전선에 흐르는 전류의 파형
(하) 송전선의 한 점(●표) 위의 전류 I와 다이폴의 전하 Q의 관계

듯이, 시간과 더불어 일정한 속도로 증가시키지 않으면 안 된다. 이와 같이 전하를 증가시키는 것은 곤란하다는 것이 〈그림 34〉의 전류가 현실적이 아니라는 이유이다.

전류의 크기가 시간과 더불어 주기적으로 바뀌는 교류의 경

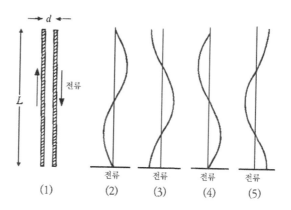

〈그림 36〉 길이 L인 송전선 (1)에 흐르는 전류
(2), (3), (4), (5)는 각각 시간이 1/4주기 경과한 때의 전류

우에도, 전류는 다이폴의 연결로써 나타낼 수가 있다. 〈그림 35〉의 위 그림은 〈그림 31〉과 같이 송전선에 교류전류가 흐르고 있는 상태를 보인 것으로 화살표는 전류의 방향이다. 그림의 (1)(2)……는 1/4주기마다의 상태이고, 전류의 파형은 그대로의 형상으로 아래 방향으로 1/4파장씩 진행하고 있다. 송전선 위의 ●표로 표시한 한 점에 주목하면, (1)의 상태에서는 IA의 전류가 흐르고 있으므로, 그 위치의 전류는 〈그림 34〉와 같이 플러스, 마이너스의 ●전하인 Q와 -Q로써 나타낼 수가 있다. 다만 이 경우에는 시간과 더불어 전류 I의 크기가 바뀌기 때문에, 전하 Q도 변화하지 않으면 안 된다. 〈그림 34〉로부터 알 수 있듯이 시간에 대한 전하의 양의 변화의 비율이 전류이기 때문에, 〈그림 35〉의 전류와 전하의 관계는 〈그림 35〉의 아래와 같이 된다. 가로축은 시간인데 위의 그림 (1)(2)……에 대응하는 시간을 가로축에 보였다.

송전선으로부터 복사되는 전파를 조사하기 위해 〈그림 36〉의
(1)과 같은 간격 d, 길이 L의 두 가닥의 도체선에 서로 반대 방
향의 전류가 흐르고 있는 경우를 생각해 보자. 그림의 (2)에서
부터 (5)는 송전선의 길이가 1파장이라고 하였을 때, 위에서부
터 아래 방향으로 전류가 흐르는 상태이다. 각각의 그림은 시
간이 1/4 주기만큼 경과했을 때의 전류이며, 전류분포가 그대
로의 형상으로 1/4파장씩 아래 방향으로 진행하고 있다는 것은
〈그림 35〉와 같다.

이 송전선으로부터 어떤 전파가 복사되는가는, 전류를 미소
다이폴로 분해하여 각각의 미소다이폴로부터 복사되는 전파의
합으로써 구할 수가 있다. 즉 하위헌스의 원리에서부터 구할
수가 있는데, 일반적인 하위헌스의 원리의 구면파 대신 〈그림
28〉에 보인 미소다아폴로부터의 전파를 이용하면 된다. 또 전
류의 상태는 송전선 위의 위치에 따라서 달라지기 때문에 〈그
림 1〉, 〈그림 5〉의 비스듬히 입사하는 경우와 같이 파원이 있
는 장소에 따라서 위상을 바꿀 필요가 있다.

## 송전선은 두 가닥, 안테나는 한 가닥

이 송전선에 의해 복사되는 전파의 한 예를 〈그림 37〉에 보
였다. 전류 분포는 옆에 보였듯이 시간이 〈그림 36〉의 (2) 순간
인 때며 송전선은 이 전류와 같은 길이로 되어 있다. 시간의
경과와 더불어 전류는 아래 방향으로 진행하는데, 복사되는 전
파도 그것에 대응하여 비스듬히 아래 방향으로 진행하는 파동
이 된다.

복사전파의 계산에서는 길이 L(1파장)의 전류는 10개의 미소

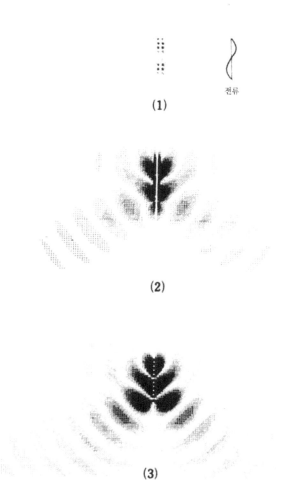

전류

(1)

(2)

(3)

〈그림 37〉 송전선(그림 36)에서 복사하는 전파
⑴ 송전선의 간격(d)이 0.025파장
⑵ 송전선의 간격(d)이 0.1파장
⑶ 송전선의 한쪽 한 가닥의 전선에서부터 복사되는 전파

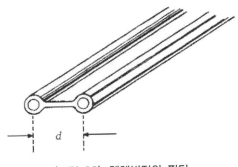

〈그림 38〉 텔레비전의 피더

다이폴로 분해하였다. 이 때문에 각각의 미소다이폴의 위상은 360도(1파장)의 10분의 1인 36도씩 변화하고 있다고 계산하여, 송전선이 두 가닥이기 때문에 합계 20개의 미소다이폴에서부터 복사되는 파동으로써 구했다. 전류분포는 잘게 미소다이폴로 분해하는 편이 정확하게 되지만, 그만큼 계산 시간이 많아지기 때문에 20개로 한 것이다.

〈그림 37〉의 ⑴은 송전선의 간격이 0.025파장, ⑵는 0.1파장인 때인데, 이것들을 비교하면 두 가닥의 도체선의 간격이 작은 쪽이 전파의 복사가 적고, 간격에 따라서 복사되는 전파의 양에는 매우 큰 차이가 있는 것을 알 수 있다. 가정용 전원인 50Hz의 교류의 파장은 6,000㎞이므로 두 가닥의 송전선의 간격은 파장에 비교하여 매우 작다. 이것에 대해 텔레비전 신호를 안테나에서부터 수상기까지 보내는 「송전선」인 피더(그림 38)는 파장이 약 3m(주파수 100MHz)이므로, 두 가닥의 도체선의 간격 d를 30㎝(0.1파장)로 하면 상당한 양의 전파가 복사되는 것을 알 수 있다.

간격 d를 7㎝(0.025 파장)로 하면 복사량은 적당히 적게 할

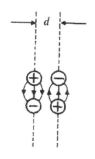

〈그림 39〉 간격 d인 송전선의 위치(점선 위)에 배열하는 미소다이폴

수 있으나, 실제의 피더에서는 두 가닥의 도체선의 간격은 약 1㎝이며, 피더로부터의 전파의 복사는 충분히 억압되게 설계되어 있다.

간격 d의 두 가닥의 도체선에는 반대 방향의 전류가 흐르고 있으므로, 도체선에 흐르는 전류는 〈그림 39〉의 실선으로 배열한 미소다이폴로서 나타낼 수 있다. 따라서 도체선의 간격이 매우 작을 때는, 각각의 전하로부터의 전기력선은 서로 상쇄하는 것으로부터도 알 수 있듯이, 두 가닥의 도체선에 흐르는 전류로부터 복사되는 전파의 진폭은 서로 상쇄되어 감소한다. 그러나 간격이 커지게 되면 상쇄할 수 없게 되어 복사되는 전파가 많아진다. 따라서 송전선과는 달리 전파를 많이 복사할 목적을 갖는 안테나에서는, 전파를 상쇄해서는 곤란하기 때문에 한 가닥의 도체선으로 하면 된다. 〈그림 37〉의 (3)은 〈그림 36〉의 송전선의 한쪽 도체선으로부터의 복사전파이며, 송전선의 경우와 똑같은 방법으로 계산했는데 충분히 강한 전파가 복사되고 있다는 것을 알 수 있다.

이처럼 전파를 점의 짙고 연함으로써 표현하는 방법에서는

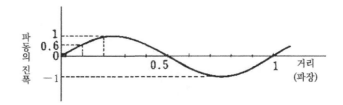

〈그림 40〉 공간에 있어서의 파동의 진폭변화

전파의 진폭이 플러스와 마이너스로 되는 구별은 나타낼 수 없지만, 이를테면 〈그림 37〉의 (3) 파동은 전류의 플러스, 마이너스에 따라서 위에서부터 플러스(+), 마이너스(-), 플러스(+), 마이너스(-)……의 파동으로 되어 있다.

그런데 쌍이 되는 도체선의 전류는 반대 방향으로 흐르기 때문에, 거기서부터 복사되는 전파의 진폭은 반대의 부호인 마이너스, 플러스, 마이너스, 플러스……가 된다. 이들의 부호가 반대로 되는 두 종류의 파동을 가로 방향으로 도체선의 간격 d만큼 쳐지게 하여 보탠 것이 〈그림 37〉의 (1)과 (2)이므로, 간격 d가 작을수록 서로 잘 상쇄된다는 것을 알 수 있다.

파동의 진폭은 공간적으로는 〈그림 40〉과 같이 변화하고 있다. 이 그림으로부터 거리가 0.1파장 떨어지면 파동의 진폭은 60%가 증가하는데, 0.025파장에서는 10% 밖에 증가하지 않는 것을 안다. 1파장에 비교하면 0.1파장은 거리로서는 작지만, 파동의 세기는 6할이나 변화하기 때문에 두 종류의 파동이 상쇄하는 경우에는 큰 거리이다. 이것에 대해 0.025파장은 파동의 세기가 1할 밖에 변화하지 않기 때문에 충분히 작은 거리라고 볼 수 있다.

〈그림 41〉 두 가닥의 송전선으로부터도 전파가 나가고 있으나 상쇄되어 거의
　　　　　바깥으로는 나가지 않는다

　두 가닥의 도체선의 간격이 제로가 되면 전파는 완전히 복사
되지 않게 된다. 이 경우는 서로 반대 방향으로 흐르는 전류
자체가 상쇄하기 때문에, 결과적으로는 전류가 흐르지 않는 한
가닥의 도체막대가 있을 뿐이고 전파가 복사되지 않는 것은 당
연하다.

　도체선에 전류가 흘러도 전파가 복사되지 않는 예로는 송전
선이 무한히 긴 때가 알려져 있다. 그러나 무한히 길다는 것은
현실이 아니기 때문에, 실제로는 「도체선에 전류가 흐르면 반
드시 전파가 복사된다」는 것이 결론이다. 수학의 세계에서는
어느 값이 제로인 것과 한없이 제로에 가까운 것은 완전히 다
르다. 이를테면 어느 수를 제로에서는 나누어지지 않으나, 한없
이 제로에 가까운 값에는 나누어지기 때문이다. 그러나 현실의
세계에서는 이들은 차이가 없는 것과 마찬가지이며, 우리는 미

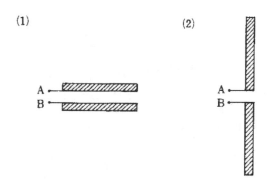

(1)  (2)

〈그림 42〉 오른쪽 끝을 개방한 송전선(1)과 그 두 가닥의 도체선을 직선 위에
고쳐 배열한 한 가닥의 도체선(2)

량의 방사선을 쬐거나 미량의 독물을 섭취해도 아무 일도 없으
며, 그와 같은 조건 아래서 진화한 것이라고도 생각할 수 있다.
송전선으로부터는 항상 전파가 복사되고 있으나 미량이기 때문
에 아무렇지도 않은 것이다.

송전선에는 두 가닥의 도체선이 있기 때문에 전류가 흐르기
쉽지만, 한 가닥의 도체선에 같은 크기의 전류를 흘려보내는
것은 매우 어렵다.

〈그림 42〉의 (1)은 단자 AB에 교류전원을 접속하면 〈그림
30〉과 같은 송전선이 된다. 다만 이 송전선의 오른쪽 끝에는
〈그림 30〉과 같이 저항 등은 접속되어 있지 않으나, 그래도 단
자 AB 사이에 전류가 흐르는 것은 〈그림 23〉의 (1)이 가리키는
콘덴서로부터 이해할 수 있다. 콘덴서에서는 상하의 도체는 판
자였으나, 이것이 선으로 되더라도 콘덴서로서 작용하고 도체
사이에 전류가 흐른다. 〈그림 42〉의 (1) 평행 도체선을 상하의
직선 위에 재배치한 것이 〈그림 41〉의 (2)이다. 이와 같이 도체

를 세로로 길게 하면, 콘덴서의 용량이 감소하여 전류가 흐르기 어려워진다는 것은 〈그림 23〉의 ⑴, ⑵, ⑶에서 설명한 그대로다. 이것이 한 가닥의 도체선에는 전류가 흐르기 어려운 이유이다.

복사되는 전파의 세기는 도체선에 흐르는 전류의 크기에 비례하기 때문에, 실제의 안테나에서는 한 가닥의 도체선에 어떻게 하여 큰 전류를 흘려보내느냐는 것이 중요하며, 이 목적에 적합한 것이 가장 기본적인 안테나로서 알려진 「반파장 다이폴 안테나」이다.

## 5. 효율이 좋은 전파발생기—반파장 다이폴 안테나

### 반파장 도체선에 송전선을 접속할 수 있다

커다란 적교(吊橋)의 진동은 평소에는 아주 작지만, 바람 등 외부의 힘이 가해져서 고유의 진동수에 공명하게 되면 크게 흔들리고 때로는 파괴되는 일도 있다. 커다란 괘종을 새끼손가락으로 움직이는 고사(故事)도, 괘종의 고유 진동수에 공명하도록 힘을 가하면 작은 힘으로써 큰 효과를 발휘할 수 있다는 것을 나타내고 있다. 한 가닥의도 체선에 얼마나 큰 전류를 흘려보낼 수가 있느냐는 것은 강한 전파를 복사하는 안테나를 만드는 열쇠가 되는데, 실제로는 이 공명을 이용하여 큰 전류를 흘려보내고 있다. 또 전기에서는 공명을 가리켜 「공진(共振)」이라고 하는 것이 보통이다.

공명을 적극적으로 이용하고 있는 것이 악기다. 특히 기타와 같은 현악기의 현(弦)의 진동은 직접으로 보이는 파동이기 때문에 현의 진동을 예로 들어 설명하겠다. 〈그림 43〉의 오른쪽은 양단이 고정된 현이 상하로 진동하는 상태를 위에서부터 차례를 좇아 1/12 주기마다 나타낸 것이다. 이 현의 진동은 현의 길이를 반파장으로 하는 파동이 좌우에서부터 진행하여 왔을 때 양쪽의 파동의 합으로서 나타낼 수가 있다. 〈그림 43〉의 왼쪽은 그것을 보인 것으로 점선의 파동은 오른쪽으로, 물결선의 파동은 왼쪽으로 진행하고 있다. 그림은 각각의 파동이 좌우로 1/12 파장만큼 진행한 상태이고, 둘의 합이 실선으로서 그려져 있다.

좌우로 진행하는 파동의 제로 점은 당연히 파동이 진행하는 속도로써 이동하지만, 둘의 합인 파동의 제로 점은 이동하지 않는 것을 알 수 있다. 이 파동은 이동하는 일이 없이 일정한 위치에 있는 파동이기 때문에 「정재파(定在波)」라고 한다.

송전선에 전류가 흐르고 있을 때는 송전선 속의 전자는 진동을 하고 있는데(〈그림 31〉 참조), 이 송전선의 길이가 현과 마찬가지로 반파장인 경우에는 속의 전자는 「공명」하는 성질을 갖고 있다. 길이 L의 도체선이 있고, L이 반파장이 될 만한 주파수의 교류로 도체 속의 전자를 진동시켰을 때의 상태를 모형적으로 보인 것이 〈그림 44〉이다.

도체 속의 전자는 좌우로 진동하는 성질을 지니고 있는데, 이것은 〈그림 45〉와 같이 유추할 수가 있다.

〈그림 45〉의 ⑴에서는 도체선의 중앙에 오른쪽이 플러스의 전압이 되도록 전지가 접속되어 있다. 전자의 움직임 대신 플러스, 마이너스의 전하로 설명하면, 오른쪽 도체에는 플러스의

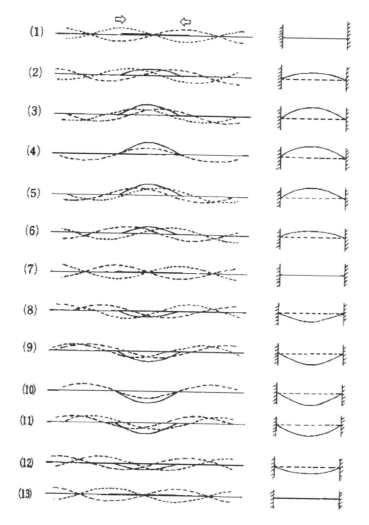

〈그림 43〉 현의 진동(오른쪽)은 서로 반대 방향으로 진행하는 파동(왼쪽, 점선: 오른쪽 방향, 점선: 왼쪽 방향)의 합으로 나타난다. 1/12주기마다 보였다

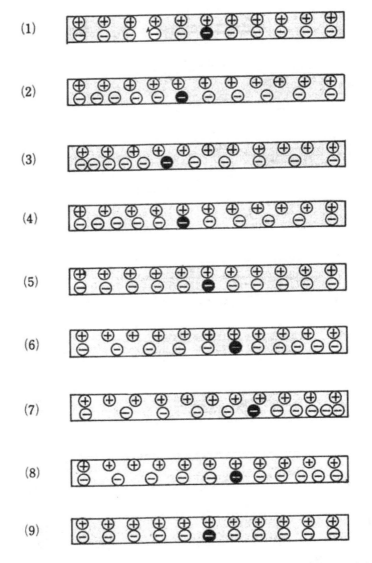

〈그림 44〉 반파장 도체선 내의 전자의 진동. 중심의 검은 전자는 표지이며,
(1)에서부터 (9)까지가 1주기

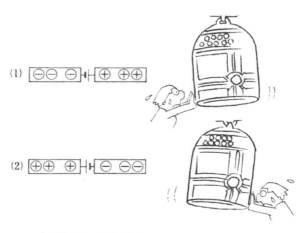

〈그림 45〉 도체 내의 전하의 움직임과 괘종

전하가, 왼쪽 도체에는 마이너스의 전하가 나타날 것이다. 이것은 마치 괘종을 오른쪽으로 밀어주는 것에 대응시킬 수 있다. 〈그림 45〉의 (2)는 (1)과는 반대로 왼쪽이 플러스의 전압이 되도록 전지를 접속한 경우이다. 플러스의 전하는 왼쪽의 도체 속에 많아지고, 괘종은 왼쪽으로 밀고 있는 것이 된다. 다만 한 방향으로 미는 것만으로는 괘종도 도체 속의 전자도 움직이기 어려운 것은 마찬가지이며, 「공명」을 하게 되면 큰 움직임이 되는 것도 또 공통으로 지니고 있는 성질이다. 전자를 진동시키는 구체적인 방법은, 〈그림 46〉의 위와 같이 도체 선의 중앙을 절단하여 상하의 도체를 송전선에 접속하면 된다. 송전선으로부터의 전압에 의하여 도체 속의 전자가 상하(〈그림 44〉에서는 좌우 방향)로 진동되기 때문이다.

〈그림 44〉에서는 표지가 될 만한 중심전자를 검게 그렸는데, 이 전자는 가장 큰 진폭으로 좌우로 흔들리고, 끝으로 감에 따

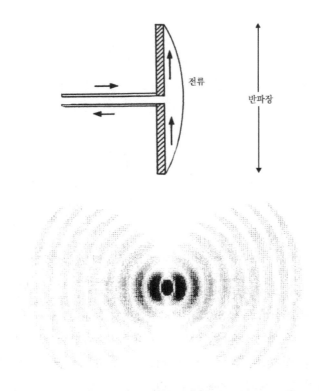

전류

반파장

〈그림 46〉 반파장 다이폴 안테나(상)와 그것이 복사하는 전파(하)

라 전자진동의 진폭이 작아진다. 양단의 전자는 중앙에서부터 밀려지더라도 도체 바깥으로는 나갈 수가 없기 때문에 언제나 고정되어 있다.

　만약에 검은 전자가 광속으로 움직일 수 있다고 하면, 이 전자가 도체의 중심에서부터 끝까지 갔다가 되돌아오는 시간이 반주기이다. 따라서 광속으로 반주기의 시간에 달려가는 거리 L은 반파장이다. 〈그림 31〉의 송전선에서 보인 것처럼, 도체 바깥의 전기력선은 광속으로 이동하는데, 〈그림 44〉에서도 도체 바깥의 전기력선은 광속으로 이동하기 때문에 L은 반파장이 되는 것이다. 다만 〈그림 31〉과 같이 실제의 전자 이동은 느리며, 바깥의 전기력선이 연달아 광속으로 움직이고 있는 것이다.

길이가 반파장인 도체선의 중앙을 송전선에 접속한 것이 반파장 다이폴 안테나이다. 다이폴이라는 것은 〈그림 22〉의 다이폴과 마찬가지로 상하로 플러스, 마이너스의 전하가 유기되기 때문이다. 이 안테나의 전류의 크기는 현의 진동과 같은 정현파모양(正弦波狀)으로, 전류의 위상은 송전선의 경우와는 달리 정재파이기 때문에 어느 위치에서도 같은 위상이 된다.

따라서 반파장 다이폴 안테나로부터 복사되는 전파는 진폭이 정현파 모양으로 다른 미소다이폴을 파원으로 하는 하위헌스의 원리로부터 구할 수가 있다. 〈그림 46〉의 아래쪽은 반파장의 전류를 6개의 미소다이폴의 합으로서 구한 반파장 다이폴 안테나로부터의 전파이다.

## 가로 방향으로 세게 나가는 전파

복사되는 전파의 방향에 대한 변화의 상태는 〈그림 28〉에 보인 미소다이폴과 거의 같고, 지향성도 〈그림 27〉과 거의 같은 8자형으로 되어 있다. 미소다이폴은 공명을 이용할 수 없기 때문에 큰 전류를 흘려보내기는 어려우나 반파장 다이폴에서는 큰 전류를 통과시킬 수 있기 때문에, 지향성은 미소다이폴과 닮아 있어도, 센 전파가 복사될 수 있는 쓸모있는 안테나이다.

반파장 다이폴 안테나가 복사하는 전파의 세기는, 가로 방향 (안테나에 직각인 방향)이 가장 강한데, 이것은 가로 방향에 있는 안테나와 통신할 경우에는 상하 방향으로의 불필요한 복사를 적게 할 수 있어 유리하게 된다. 구면파와 같이 모든 방향으로 균일하게 복사하는 안테나에 비교하여 얼마만큼이나 유리한가를 나타내는 데에 「이득(利得, Gain)」이라는 사고방식이 있다. 이득에 대해서는 3장에서 자세히 설명한다. 모든 방향으로 균일한 세기의 전파를 복사하는 안테나는 실제로는 존재하지 않으나, 이와 같은 안테나를 「무지향성 안테나(Omnidirectional Antenna)」라 하며 사고실험(思考實驗)에서는 자주 등장한다.

이를테면 여기에 미소다이폴 안테나와 무지향성 안테나가 있고 같은 전력을 급전하였을 경우를 생각해 보자. 미소다이폴에서는 상하 방향으로의 복사가 적고 가로 방향으로 집중되기 때문에, 가로 방향에서의 전파는 무지향성 안테나보다 강할 것이다. 이때 무지향성 안테나보다 몇 배나 강한가를 나타내는 것이 이득이다. 계산해보면 미소다이폴 안테나의 이득은 1.5이므로, 가로 방향으로는 무지향성 안테나에 비교하여 1.5배가 강한 전파를 보낼 수 있게 된다. 이득을 크게 하는 것은 목적하는 방향으로 강한 전파를 보낼 수 있을 뿐만 아니라, 불필요한 방향으로의 복사를 적게 하는 것이며, 안테나로서는 바람직한 일이기 때문에 이득은 중요한 특성이다.

반파장 다이폴 안테나의 이득은 1.65로 미소다이폴보다 조금 크지만, 이것은 상하 방향으로의 복사가 미소다이폴보다 근소하게 작기 때문이다. 다음 장에서 설명하겠지만, 일반적으로 안테나가 커지면 전파는 집중하여 복사하는 성질이 있기 때문에, 이득을 크게 할 목적으로 반파장 다이폴 안테나를 2단으로 한 1파장 다이폴 안테나가 있다(〈그림 47〉의 위).

이 안테나로부터의 복사전파를 〈그림 46〉의 반파장 다이폴의

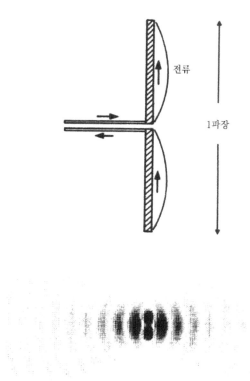

<그림 47> 1파장 다이폴 안테나(상)와 그것이 복사하는 전파(하)

복사전파와 꼭 같이 구한 것이 <그림 47>의 아래 그림이다. 이 것들을 비교하면 확실히 1파장 다이폴에서는 상하 방향으로의 복사가 더욱 작아지는 것을 알 수 있다. 1파장 다이폴 안테나 의 이득은 반파장 다이폴의 2배인 3.3이 된다. 이와 같이 안테 나를 크게 하면(보통은 반파장의 정수배) 이득도 커지는데 수천, 수만이라는 큰 이득을 갖는 안테나가 개구면 안테나이다.

# 3장
# 개구면 안테나

여러 가지 안테나 3
어업무선국 안테나

# 1. 반사망원경—파라볼라의 원형

## 뉴턴의 발명

인류가 탄생한 이래, 달이나 별 등 천체의 복잡하고도 또 규칙적인 운동만큼 사람들의 호기심을 자극하고, 또 사람들의 생활에 큰 영향을 끼쳤던 것은 없었다고 생각된다. 현재도 밤하늘에 반짝이는, 그것도 수억 년이나 계속하여 반짝이는 무수한 별을 보고, 지상의 싸움이 얼마나 하찮은 작은 것인가를 깨닫게 하는 정도이니까, 천체의 운동을 합리적으로 설명할 수 없었던 시대에는 사색의 대상으로 삼는 이외에 과학적 호기심을 불러일으켰으리라는 것은 쉽게 상상할 수가 있다. 유사 이래의 이러한 의문에 결말을 지은 뉴턴은 역시 위대하였지만, 그러기 위해서는 자연을 정확히 관측하는 준비기간이 필요하였다.

천체를 관측하는 유력한 무기는 물론 망원경이다. 볼록 렌즈와 오목렌즈를 조합한 망원경은 1608년경 네덜란드에서 발명되었다. 갈릴레이는 곧(1609) 이 망원경을 만들어 천체를 관측하여 토성의 고리 등을 발견했다. 이 형식의 망원경은 네덜란드식 망원경 또는 갈릴레이식 망원경이라 불리고 있다. 그 후 케플러식 망원경이라는 두 장의 볼록렌즈를 조합한 망원경이 독일의 천문학자 케플러(J. Kepler)에 의해 1611년 발명되었다. 이 망원경은 상(像)이 거꾸로 서는 결점을 지녔으나, 비틀림이 적고 배율을 크게 할 수 있는 특징을 지녔기 때문에 현재도 소형 천체망원경 등은 이러한 형식이 많다.

먼 곳에 있는 별을 관측하기 위해서는 배율이 크고 동시에 밝은 망원경이 필요하다. 밝게 하기 위해서는 망원경의 지름을

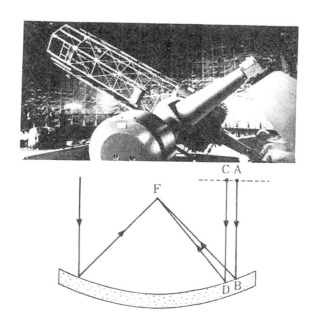

〈그림 48〉 반사망원경과 그 원리. 점 A, C를 통과하는 평행광선은 거울면 위
의 점 B, C에서 반사되어 초점 F에 모인다

크게 하여 망원경으로 들어가는 빛의 양을 많게 하면 되는데,
큰 렌즈를 유리로써 만든다는 것은 꽤 복잡하다. 그래서 생각
된 것이 반사망원경이며, 1968년에 뉴턴에 의하여 발명되었다.
　오목면 반사경은 금속의 표면을 연마하여 만들어지기 때문에
빛은 렌즈와 같이 유리 속을 통과하지 않으므로, 빛의 흡수가
적다는 것과 색깔에 의하여 빛의 굴절이 다른 색수차(色收差)가
없는 특징을 지니고 있다. 이 때문에 대형 망원경은 모두 반사
망원경이다. 렌즈를 제작할 때는 유리의 표면은 물론, 동시에
빛이 통과하는 내부에까지도 세심한 주의를 하여야 하는데, 반
사형에서는 표면만을 주의하면 되는 것이 큰 이점이다. 최근의

전자회로인 IC나 LSI도, 기판(基板)의 표면에만 여러 가지 회로를 배치하기 때문에 정밀하게 만들 수가 있는 것이다.

반사망원경의 오목면 거울의 표면은 포물선을 회전시킨 곡면으로 되어 있다는 것은 잘 알려진 일이다. 포물선이란 글자 그대로 돌 등 물체를 던졌을 때 그리는 궤적(軌跡)의 선이다. 〈그림 48〉은 반사망원경의 원리를 나타내기 위한 그림으로, 위에서부터 거울면으로 입사하는 평행광선 중 점 A, C를 통과하는 광선은 각각 거울면 위의 점 B, D에서 반사되어 거울면의 초점 F에 모인다는 것을 가리키고 있다. 반사망원경의 특징은 그림과 같이 광선이 진행할 때에 A에서부터 거울면 위의 B를 거쳐 초점 F에 이르는 거리와 C에서부터 마찬가지로 D를 거쳐 F에 이르는 거리가 같다는 점이다. 초점이란 글자 그대로 그을리는 점으로, 거울면의 위에서부터 태양 광선이 왔을 때, 초점에다 작은 종이를 놓아두면 연기가 나오는 것은 확실하다.

## 평행광선이 초점에 집합한다

태양의 빛은 평행광선이며, 평행광선은 대체로 〈그림 6〉에 보인 것과 같은 평면파라고 생각할 수 있기 때문에, 광선이 진행하는 방향으로 직각인 가로 방향에서는 파동은 같은 진폭으로 되어 있다. 〈그림 48〉의 경우에는 점 A와 C에서는 파동의 진폭은 같아진다. 이들 파동이 각각 B, D를 거쳐 초점 F까지 진행할 때, 통과하는 거리가 같으면 초점 F에서는 같은 진폭이 될 것이다. 즉 초점 F에서는 모든 방향에서부터 온 파동이 똑같이 합산되기 때문에 물체를 그을리게 할 만한 세기가 되는 것이다.

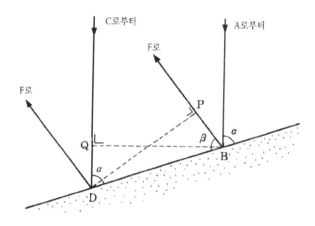

〈그림 49〉 거울면 위의 점 B, D에서 광선은 반사의 법칙을 따른다

거꾸로 말하면, 〈그림 48〉의 광선처럼 A에서부터 F와 C에서부터 F에 이르는 거리가 같아지도록 그은 곡선이 포물선이며, 이것은 포물선의 정의이기도 하다. 이를테면 먼저 A에서부터 F까지의 광선의 경로와 같은 길이의 실의 양단을 초점 F와 점 A에 고정한다. 다음에 이 실을 B점에서 연필 끝에 걸쳐 AB가 수직이 되도록 아래로 잡아당긴다고 하자. 다시 A점을 수평으로 C점까지 이동하는데, 연필 끝은 늘 직선 CD가 수직이 되도록 B에서부터 D까지 이동시킨다. 이렇게 하여 연필로 그려진 곡선이 포물선이다. 여기서 중요한 점은, 이 실의 방향이 거울면 위에서 반사의 법칙을 만족하고 있다는 점이다.

거울면 위의 점 B, D의 부근을 확대한 것이 〈그림 49〉이다. 거울면 위의 점 B와 D가 매우 가깝다고 하면, 이들의 점에서부터 초점 F로 향하여 광선은 평행이라고 간주할 수 있고, 또 이들의 점 가까이에서는 거울면은 평면으로 볼 수가 있다. 〈그림 48〉에서 A에서부터 온 광선이 B를 통과하여 F로 갈 때, 각각의 광선과 거울면의 각도 $\alpha$와 $\beta$가 같다는 것이 반사의 법칙을 만족시키는 것이므로 이것을 증명해 보기로 하자. 또 C에서부터 온 광선은 A에서부터 온 광선과 평행이기 때문에 거울면과의 각도는 같은 $\alpha$가 된다.

점 A에서부터 나온 빛이 B에 도달했을 때 동시에 C를 나온 빛이 Q까지 왔다고 하면, Q와 B를 연결한 점선은 C에서부터의 광선에 직각이 된다. 다음에 A에서부터 와서 B에서 반사한 광선 위에서 초점 F와 D 사이의 거리와 같은 길이의 위치를 P라고 하면, 동시에 D와 P를 연결한 점선은 P 점에서 광선과 직각이 된다. A에서부터 F에 이르는 거리와 C에서부터 F에 이르는 거리는 같으므로 BP와 DQ의 길이는 같아진다. 따라서 두 개의 직각 삼각형 BDQ와 DBP는 같으므로 각도 $\alpha$와 $\beta$는 같다는 것을 안다.

반사망원경의 중요한 성질을 정리하면, 거울면에 수직으로 입사하는 평행광선은 거울면에서 반사의 법칙을 만족하고, 또 같은 거리를 진행하여 초점에 집합한다는 것이며, 이 원리가 다음에서 말하는 파라볼라(Parabola) 안테나로서 널리 이용되는 근거로 되어 있다.

## 2. 오래되고 고급인 파라볼라 안테나

### 짧은 파장의 전파에서 이용이 가능

전기통신 관계 회사 등의 선전 책자의 어딘가에 반드시 실려 있는 것이 이제부터 살펴볼 「파라볼라 안테나」이다. 파라볼라 안테나는 고급스러운 느낌이 드는 안테나의 대표적인 예이며, 텔레비전이나 전화를 중계하는 마이크로파 무선회로나, 위성통신 등의 대용량 무선통신의 얼굴이기도 하다. 전파의 존재가 실증되기 훨씬 전부터 알려진 반사망원경이 파라볼라 안테나의 원리이기 때문에, 안테나로서는 가장 오랜 역사를 지니고 있다. 동물의 진화에다 비유한다면 안테나의 「물고기류」이다. 이 「어류」는 현재 최성기(最盛期)에 있는 것 같다.

빛의 파장은 1㎛ 이하이므로 지름 1㎝의 작은 렌즈라도 파장으로 환산하면 1만 파장 이상의 크기가 된다. 렌즈나 망원경이 물체를 확대하여 본다는 본래의 성질을 발휘하기 위해서는, 지름이 파장에 비교하여 매우 크다는 것이 전제된다. 초점에서부터 나온 빛이 렌즈를 통과하면 평행광선으로 된다는 것은 잘 알려졌지만, 만약 렌즈의 지름이 1파장 정도의 크기일 때는 렌즈를 통과한 빛은 〈그림 47〉에 보인 1파장 다이폴 안테나에서부터 나오는 전파처럼 확산되어 버린다.

반사망원경과 같은 광학기기의 원리를 전파에 응용하기 위해서는, 빛과 같이 파장이 짧은 전파를 발생시킬 필요가 있다. 2차 세계대전 중에 밤에도 비행기나 배가 보이는 레이더의 개발을 위하여, 각국이 다투어 마이크로파라고 불리는 파장이 10㎝ 이하인 전파를 발진하는 진공관을 연구하여, 그 진공관이 제작됨으로써 비로소 파라볼라 안테나를 이용할 수 있게 되었다.

파장이 10㎝라면, 지름이 1m인 안테나는 10파장이고, 지름 10m에서는 100파장이 된다. 텔레비전방송의 전파 파장은 약 3m이므로 10파장에서는 30m가 된다. 안테나로서 효과적으로

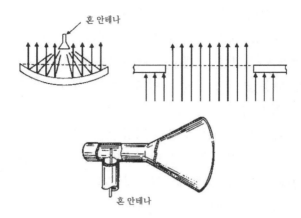

〈그림 50〉 파라볼라 안테나(왼쪽), 파라볼라와 같은 크기의 개구를 전파가 통과하는 상태(오른쪽), 아래는 혼 안테나

기능하기 위해서는 지름 10파장이 필요하고, 100파장 정도가 되면 광학기기와 마찬가지의 성능을 발휘한다는 사실이 알려져 있다. 따라서 텔레비전 방송 정도의 낮은 주파수가 되면, 여기서 말하는 개구면 안테나는 너무 커서 제작이 어렵다.

안테나의 성질을 설명하기 위해서는 망원경과 같이 먼 곳에서부터 온 전파를 수신하기보다는 이쪽에서부터 전파를 송신하는 경우가 더 이해하기 쉽다. 그 때문에 이 책에서는 전적으로 송신 안테나로써 설명하고 있다. 수신의 경우에도 안테나로서의 성질은 송신의 경우와 똑같아진다는 것은 간단하게 설명하기는 어렵지만 「상반정리(相反定理)」로서 잘 알려진 〈그림 50〉의 왼쪽은 반사망원경과 똑같은 원리의 파라볼라 안테나이다. 〈그림 50〉의 오른쪽은 파라볼라 안테나와 같은 크기의 구멍이 있고 아래에서부터 입사하는 상태를 가리키고 있다.

반사경의 초점에는 전파를 복사하는 「혼(Horn) 안테나」라고 불리는 안테나를 사용하는 것이 보통이다. Horn이란 동물의 뿔 또는 뿔피리라는 의미로, 그 이름과 같은 구조를 한 안테나이다(〈그림 50〉의 아래). 혼 안테나의 기능에 대한 설명은 여기서는 생략하겠으나, 소리를 어느 방향으로만 전달할 때에 사용하는 메가폰(Megaphone, 확성기)과 비슷한 성질을 가지며 구조도 비슷하다. 이를테면 〈그림 46〉과 같은 전파를 복사하는 반파장 다이폴을 혼 안테나 속에 넣으면, 전파는 오른쪽으로만 복사하는 성질을 갖고 있다. 다만 메가폰은 소리(Phone)를 크게(Mega) 하는 의미로 혼 안테나와는 다른 어원이다.

그런데 거울면의 초점에 있는 혼 안테나로부터 나가는 전파는, 거울면에 반사되어 〈그림 50〉과 같이 위로 진행한다. 반사된 파동은 빛의 용어로는 평행광선이고, 전파 용어로는 평면파가 되어 위로 복사되는 것이 된다. 〈그림 51〉은 아래에서부터 평면파가 왔을 경우인데, 구멍의 크기가 안테나와 같으면, 전파가 위로 진행하는 상태는 좌우가 모두 같아질 것이다.

평면파가 진행할 때는, 어느 위치의 평면파가 파원으로 되어도 구면파를 복사하고 전체로서도 똑같은 구면파로 된다는 것이 유명한 하위헌스의 원리이다. 따라서 〈그림 50〉의 오른쪽인 경우에는 구멍의 위 방향으로 진행하는 파동에 대해서는 구멍을 통과하는 파동만이 새로운 파원이 된다는 것이 명확하다.

구멍에서부터 나가는 전파를 하위헌스의 원리로부터 구하여, 그 상태를 퍼스컴 그래픽으로 〈그림 51〉에 보였다. 〈그림 50〉의 점선으로 표시한 구멍의 개구면에 하위헌스의 파원이 있고, 각각이 구면파를 복사한다고 하였으나 파원으로서는 개량된 하위헌스의 파원이며, 한 방향으로만 복사하는 파원이다(그림 17).

〈그림 51〉 개구면으로부터 위쪽 방향으로 전파가 복사되는 상태. 개구
의 크기는 직사각형이고 가로 방향의 길이가 3파장인 경우

또 계산의 시간상 사정으로 개구의 형상은 원이 아니라 직사각
형의 슬릿(틈새)으로 되어 있다.

〈그림 50〉의 왼쪽 파라볼라 안테나에서부터 나가는 전파 일

부는 초점에 있는 혼 안테나에 차단되는데, 이것을 무시하면 그림의 오른쪽과 같아지는 것은 쉽게 상상할 수 있다. 이것은 파라볼라 안테나가 복사하는 전파는 점선으로써 표시하는 반사경의 개구면 위에 있는 하위헌스의 파원으로부터 구해진다는 것을 의미하고 있다. 파라볼라 안테나가 「개구면 안테나」라고 불리는 이유도 여기에 있다. 또 파라볼라 안테나가 복사하는 전파의 자세한 상태에 대하여는 다음 절에서 설명하겠다.

## 개량된 카세그레인 안테나

파라볼라 안테나에서는 먼저 초점에 있는 혼 안테나로부터 전파가 복사되기 때문에 수신기와 혼을 접속할 필요가 있고, 수신의 경우에는 혼으로 들어가는 전파를 수신기로까지 가져올 필요가 있다. 〈사진 52〉는 방송위성에서부터의 전파를 수신하는 파라볼라 안테나의 예다. 초점에 있는 혼 안테나와 수신기는 「도파관(導波管, Waveguide)」이라고 불리는 도체의 파이프로 접속되어 있다.

이 사진으로부터도 알 수 있듯이 반사경 앞에 있는 도파관 등이 전파를 가로막아 안테나로서의 여러 가지 특성을 나쁘게 하는 원인이 된다. 이것을 개선하기 위해 고안된 것이 「카세그레인 안테나(Cassegrain Antenna)」이다.

뉴턴이 만든 반사망원경에서는 반사경의 정면에 상을 맺게 할 수는 없기 때문에, 〈그림 53〉의 ⓐ와 같이 평면인 거울을 비스듬히 두고 옆에서부터 망원경을 들여다보았다. 그러나 〈그림 53〉의 ⓑ와 같이 평면거울을 수평으로 두고 초점을 반사경의 중심에 가져오면, 보통의 망원경과 같이 배후로부터 들여다

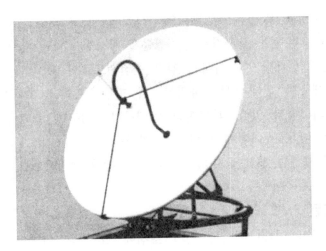

〈사진 52〉 위성방송 수신용 파라볼라 안테나

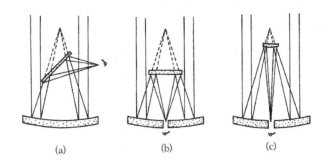

〈그림 53〉 여러 가지 형식의 반사망원경
(a) 뉴턴식 (b) 뉴턴식의 초점을 배후로 옮긴 형식 (c) 카세그레인식

볼 수가 있다. 이 방식에서는 그림으로부터 알 수 있듯이 평면
경이 커지고 가려지는 광량이 많아진다. 그래서 〈그림 53〉의
(c)와 같이 평면경 대신 볼록면의 작은 반사경을 사용하여 초점
을 먼 곳에 맺게 한 것이 카세그레인식 망원경이다. 17세기에

프랑스의 물괴학자 카세그레인에 의해 발명되었다. 이것에 대응하는 안테나가 카세그레인 안테나로써 위성통신의 지상국의 대형 안테나 등에 널리 이용되고 있다.

카세그레인 안테나에서는 오목면이 큰 반사경을 주반사경, 볼록면이 작은 반사경을 부반사경이라고 한다. 이 안테나가 널리 이용되고 있는 것은 부반사경이 작은 이외에 여러 가지 이점을 가졌기 때문이다. 자세한 설명은 마지막 절로 돌리기로 하고, 지금은 부반사경이 작기 때문에 개구면에서부터 복사되는 전파는 부반사경에 가려지는 일이 없이 전방으로 복사된다. 이를 전제로 안테나의 다양한 성질을 조사해 보기로 하자.

# 3. 안테나의 지향성

## 전파의 세기와 방향의 관계

방송국의 송신 안테나는 수평 방향으로 균일하게 전파를 복사하여 주위의 시청자에게 평등하게 서비스할 필요가 있다. 이를테면, 전화국의 옥상에 있는 안테나는 특정 방향에 있는 다른 전화국과 통신을 하기 위한 것이므로 그 방향 이외로는 전파가 복사되지 않는 것이 바람직하다. 불필요한 방향으로 전파를 복사하는 것은 전력의 손실이 되는 동시에 다른 통신에 대한 혼신의 원인이 되기 때문이다.

이와 같이 안테나가 복사하는 전파의 세기가 방향에 대해 어떻게 되느냐는 것은, 안테나를 이용하고 또는 안테나를 설계하는 경우에 맨 먼저 생각하지 않으면 안 될 중요한 점이다. 복

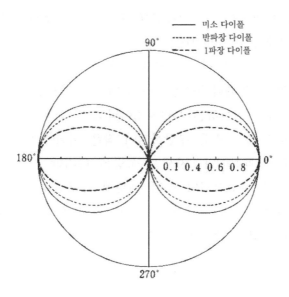

〈그림 54〉 세로축 방향으로 놓인 각종 다이폴 안테나의 지향성. 수평면(가로축을 포함하여 종이면에 수직인 면)에서는 원이 된다

사의 세기와 방향과의 관계를 「지향성(指向性, Directivity)」이라는 말로 나타내고, 안테나에서 가장 기본적인 특성이다.

안테나로부터 전파가 나가는 상태는 지금까지 여러 번 보여왔다. 가장 작은 안테나인 미소다이폴 안테나가 복사하는 전파의 상태는 〈그림 28〉에 보였었는데, 이때의 지향성은 〈그림 27〉이다. 실제는 길이가 반파장인 안테나가 흔히 사용되는데, 이때 복사되는 전파는 〈그림 46〉으로서 미소다이폴에 비교하면 좌우의 방향으로 약간 좁은 범위로 복사된다. 안테나의 길이가 1파장이 되면(〈그림 47〉 참조) 전파는 더욱더 좁은 범위에서 복사되게 된다. 이들의 관계를 지향성으로서 정량적으로 나타낸 것이 〈그림 54〉이다. 이 그림에서는 맨 바깥쪽의 실선이 미소 다이폴의 지향성이고, 작은 점선이 반파장 다이폴, 굵은 점선이 1파장 다이폴의 지향성을 나타내고 있다.

이 지향성은 다이폴 안테나를 그림 위에서 수직(세로축 위)으로 두었을 때의 수직면 내의 지향성이며, 안테나를 옆에서 보았을 때에 안테나로부터 나가는 전파의 세기를 나타내고 있다. 이 안테나를 위에서부터 보면 안테나 자체는 점으로 되지만, 이때의 전파는 수평면 내의 모든 방향으로 균일하게 복사되기 때문에, 수평면 내의 지향성은 각 다이폴이 모두 같은 원이 된다.

방송국의 송신 안테나의 지향성은 이와 같이 수평면 내에서 원으로 할 필요가 있다. 다만 실제 텔레비전 방송의 송신 안테나에서는 수직면 내의 지향성은 〈그림 54〉의 1파장 다이폴의 경우보다 훨씬 좁아 수평선보다 위 방향의 공중으로 복사되는 불필요한 전파 등은 극력 억제하도록 설계되어 있다.

개구면 안테나에서부터 복사되는 전파의 상태는 앞의 〈그림 51〉에 보였는데, 이것은 안테나의 크기를 3파장으로 한 경우이다. 지금까지의 다이폴에 비교하면 안테나가 크기 때문에 전파는 보다 좁은 방향으로 복사되고, 또 개구면 안테나이기 때문에 전파는 한쪽 방향만으로 복사되고 있다. 사실은 안테나의 지향성은 〈그림 51〉과 같이 안테나 가까이에서가 아니라, 안테나에서부터 충분히 떨어진 위치에서의 전파의 세기와 방향과의 관계를 나타내는 것이다. 따라서 안테나 주위의 전파의 상태와 함께 퍼스컴 그래픽으로써 나타내기는 어렵다. 이 때문에 〈그림 55〉와 같이 그래프로써 나타낸 것이 이 경우의 지향성이다. 이 그림에서는 정면 방향 이외에, 정면에서부터 약 30도와 50

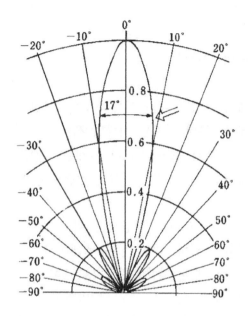

〈그림 55〉 개구면 안테나의 지향성(개구의 크기는 〈그림 51〉과 같음)
정면 방향(0° 방향)으로 복사하는 파동의 진폭을 1로 하여 각 방향으로 복사하
는 파동의 진폭(크기)을 나타내고 있다. 이를테면 정면에서 10°가 벗어난 방향
에서는 파동의 진폭이 0.6으로, 20° 부근에서는 0이 되는 것을 알 수 있다.
진폭이 약 0.71(화살표)이 되는 곳에서 빔폭을 나타낸다

도 떨어진 방향으로 약한 전파가 복사되고 있는 것을 알 수 있다.
지향성 중에서 이와 같은 작은 복사를 「사이드로우브(Side
Lobe)」라고 부른다. Lobe란 나뭇잎 주위의 무늬를 말하는데,
정면의 큰 것이 주로우브(Main Lobe)이고, 그 곁(Side)에 있기
때문에 사이드로우브이다. 주로우브는 주빔(Main Beam)이라고
도 하는데, 정면에 대해 전파의 진폭(크기)이 약 71%로 감소하
는 각도를 빔폭이라 하고 〈그림 55〉에서 는 약 17도이다. 지

향성은 전파의 진폭 방향에 대한 변화를 나타내고, 진폭의 제곱이 전력에 비례한다. 0.71을 제곱하면 0.5가 되기 때문에, 정면에 대하여 전파의 전력이 1/2이 되는 각도가 빔폭이다.

〈그림 51〉의 퍼스컴 그래픽은 안테나 가까이에서의 전파의 상태인데, 이것에서부터 〈그림 55〉의 지향성을 추측할 수가 있다. 특히 사이드로우브는 퍼스컴 그래픽에서도 정면에서부터 약 30도와 50도의 방향에 나타나 지향성과 잘 일치하고 있는 것을 알 수 있다.

## 안테나가 커지면 빔폭은 좁아진다

지금까지 살펴본 여러 가지 안테나의 지향성에서부터 알 수 있듯이, 안테나가 커질수록 빔폭은 좁아지는 성질을 가지고 있다. 개구의 크기를 3파장보다 50%가 큰 4.5파장으로 했을 때의 안테나 가까이 있는 전파의 상태를 〈그림 56〉에, 이때의 지향성을 〈그림 57〉에 보였다. 이들 그림에서부터 먼저 안테나를 크게 하면 사이드로우브의 수가 많아진다는 것, 사이드로우브가 나타나는 방향은 퍼스컴 그래픽과 지향성에서는 잘 일치한다는 것 등을 알 수 있다.

〈그림 57〉에서는 빔폭은 약 11도인데, 11도의 50% 증가가 17도이다. 이것은 빔폭은 안테나 개구의 크기에 반비례한다는 것을 의미하고, 개구의 크기가 2배가 되면 빔폭은 1/2이 된다. 이를테면 위성통신 지상국의 안테나에서는 개구가 300파장 정도가 되는데, 이때의 빔폭은 〈그림 55〉의 거의 100분의 1인 0.2도로 되고, 매우 가느다란 빔의 전파를 36,000km의 먼 곳에 있는 위성으로 향해 집중적으로 복사하는 것이다.

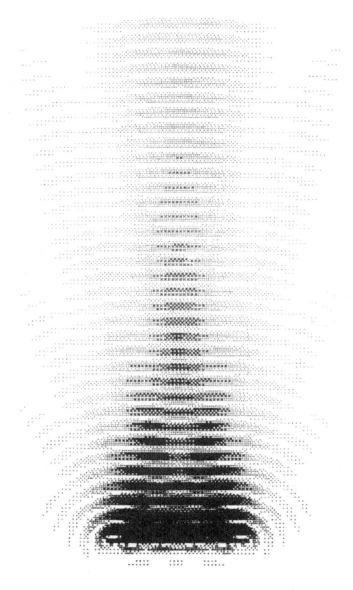

〈그림 56〉 개구면이 4.5파장인 안테나로부터 위쪽으로 전파가 복사되는 상태

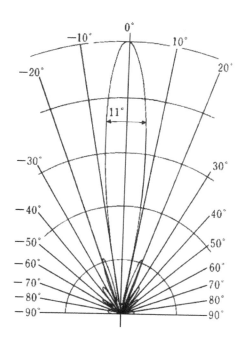

<그림 57> <그림 56>의 개구면 안테나의 지향성. 빔폭은 11°

　그렇다면 안테나를 크게 하면 어째서 빔폭이 좁아지는 것일까? <그림 56>이나 <그림 57>에서는 지향성이 제로가 되는 방향이 있다. 즉 전파의 복사가 제로로 되는 방향이 있고, 이 때문에 지향성의 형상은 나뭇잎처럼 된다. <그림 58>은 전파를 복사하는 개구를 절반으로 나누어 각각을 A, B로 한 그림이다.
　실제는 이 개구 전체로부터 전파가 복사되는데, 이것을 크기가 절반인 똑같은 안테나 A, B가 늘어선 것으로 생각할 수도 있다. 이들 두 개의 안테나는 똑같은 양의 전파를 복사하므로, 그림과 같이 정면에서부터 각도 $\alpha$만큼 떨어져 있는 방향으로

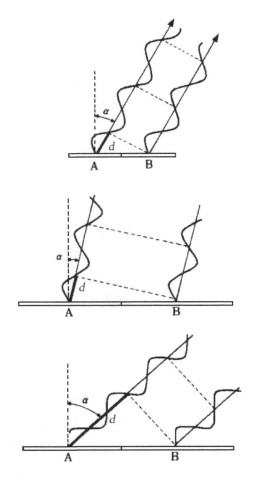

〈그림 58〉 두 개의 안테나 A, B가 복사하는 파동. 정면으로부터의 각도 α인 방향에서는 양 안테나에서부터의 파동은 서로 상쇄하며 지향성이 제로가 되는 방향이 증가하고 빔폭이 좁아진다

복사하는 전파도 똑같을 것이다. 다만 전파가 출발하는 장소가 다르기 때문에, 안테나 A에서부터 나오는 전파는 안테나 B에서

부터 나오는 전파에 대해 굵은 선으로 가리키는 거리 것만큼 늦어지게 된다.

만약에 이 거리 d가 〈그림 58〉의 윗단과 같이 반파장이라고 한다면, 먼 곳에서는 각각의 안테나의 중심에서부터 전파가 복사되듯이 보이기 때문에, 안테나 A에서 부터의 전파와 B에서부터의 전파는 서로 상쇄하여 각도 $\alpha$방향으로의 복사는 제로가 된다.

안테나가 커지면 〈그림 58〉의 가운데 단의 그림으로부터 알 수 있듯이, 보다 작은 각도 $\alpha$에서 거리 d는 반파장이 된다. 따라서 큰 안테나에서는 지향성이 정면에서부터 최초로 제로가 되는 각도 $\alpha$가 작아지고, 빔폭도 좁아지는 것을 알 수 있다. 또 큰 안테나에서는 정면에서부터의 각도가 커지면, 거리 d가 1/2파장 이외에 3/2파장, 5/2파장, 7/2파장 등의 값을 취할 수가 있다. 〈그림 58〉의 아랫단은 거리 d가 3/2파장인 때로, 이 경우도 마찬가지로 안테나 A, B로부터의 전파는 상쇄되는 것을 알 수 있을 것이다.

이와 같이 큰 안테나에서는 지향성이 제로로 되는 방향이 증가하고 사이드로우브의 수도 많아지는 동시에 빔폭도 좁아진다. 빔폭이 좁다는 것은 전파를 목적하는 방향으로 향해 집중하여 복사하기 때문에, 전력의 효율이 좋을 뿐만 아니라 불필요한 방향으로의 복사를 억압할 수 있기 때문에 안성맞춤이다. 빔폭이 좁은 것을 평가하는 다른 방법이 안테나의 「이득」이라는 양이다.

# 4. 안테나의 이득이란?

## 전파를 얼마만큼이나 집중할 수 있는가?

헤르츠가 전파의 존재를 실증한지 10년 후에는 영국해협을 횡단하는 무선통신이 마르코니에 의해 성공함으로써, 전파가 먼 곳과의 통신에 활용될 수 있다는 것을 온 세계에 보여 주었다. 당시 영국해협에는 이미 해저케이블이 부설되어 유선통신이 실용화되어 있었으므로, 무선통신이 새로이 참가하게 된 셈이다. 유선통신에서는 전선에 의하여 통신의 상대방인 먼 곳의 한 점에 대해 신호를 보내는데 대해, 전파를 이용한 무선통신에서는 안테나에서부터 복사된 전파는 목적하는 방향 이외로도 퍼져 나가 버린다. 그러나 유선통신처럼 되도록 목적하는 방향으로만 전파를 복사하는 것이 바람직하다. 그러기 위해서는 앞에서 말했듯이 안테나를 크게 하여 빔폭을 좁히면 된다.

목적하는 방향으로 얼마만큼 전파를 집중하여 복사하였는가를 나타내는 것이 「이득」이며, 무선통신에서는 자주 이용되는 양이다. 〈그림 59〉에 보인 것과 같이 거리만큼 떨어진 두 점 사이에서 안테나를 대응시켜 통신하는 경우를 생각해서 안테나의 이득에 대하여 생각해 보자.

모든 방향으로 균일하게 구면파를 복사하는 안테나는 원리적으로는 존재하지 않으나, 가령 이와 같은 안테나를 가상한다면 그 지향성은 수직면이나 수평선 등 어느 면 안에서도 원이 될 것이다. 따라서 지향성을 입체적으로 나타내면 구가 되어 〈그림 60〉과 같이 나타낼 수 있다. 입체적인 도면을 알기 쉽도록 하기 위해 보통의 직각좌표 x, y, z를 함께 보였는데, 통신하

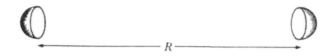

〈그림 59〉 거리 R을 떨어져 있는 두 개의 안테나에 의한 무선통신

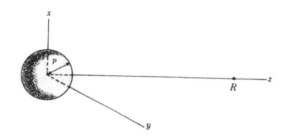

〈그림 60〉 구에서 나타내어지는 무지향성 안테나의 전력지향성. 구의 반지름 p는 그 방향으로 복사하는 전력에 비례하는 것으로 한다

는 상대는 z축 위의 거리 R의 위치에 있는 것으로 한다. 이 구의 반지름은 안테나가 복사하는 전파의 세기를 나타내고, 이와 같은 안테나는 「무지향성 안테나」로 불리며 사고실험(思考實驗)에서 자주 이용되는 안테나이다.

파동 진폭의 제곱은 단위면적을 통과하는 전력을 나타낸다는 것은 전파나 음파에 공통된 성질이다. 〈그림 60〉을 지금까지와 같이 파동의 진폭(크기) 지향성이 아니라, 그 제곱을 나타내는 「전력지향성(電力指向性)」으로서 생각하여 보자. 이를테면 이 구의 반지름을 p라 하고, p의 의미를 먼 곳의 통신점까지의 거리 R을 반지름으로 하는 구면 위의 단위면적을 통과하는 전력이라고 하자. 이 약속 아래서는 안테나가 복사하는 전력은 이 p와 반지름 R인 구의 표면적을 곱한 값이며, 다음과 같이 나타낼 수 있다.

전체 복사전력 = p × $4\pi R^2$

다음에는 이것도 가상적인 안테나이지만, 절반인 방향, 즉 〈그림 60〉의 xy면의 오른쪽에만 균일하게 전파를 복사하는 안테나를 생각하여 보자. 이 안테나가 〈그림 60〉과 같은 전력을 복사한다고 하면, 그 전력지향성은 〈그림 61〉과 같이 될 것이다. 전파는 절반인 방향밖에 복사되지 않으므로 지향성이 반구가 되는 것은 이해할 수 있다. 또 지향성의 반지름이 〈그림 60〉의 2배인 2p가 되는 것은 전파가 왼쪽의 절반 방향으로 복사되지 않는 몫만큼 오른쪽에 겹쳐서 복사되기 때문이다. 즉 〈그림 61〉의 경우에는 반지름 R인 먼 곳의 구면 위에서 전파가 통과하는 면도 반구이며, 전체 표면적의 1/2이 되고, 이 면적과 단위면적을 통과하는 전력 2p를 곱한 값인 전체 복사전력은 앞의 무지향성 안테나와 같아지는 것을 알 수 있다.

이처럼 〈그림 60〉과 〈그림 61〉의 안테나는 더불어 같은 전력을 복사하더라도, z축 위의 거리 R만큼 떨어진 수신점에는 〈그림 61〉의 경우는 2배의 전력이 보내어져 온다. 이 2배라는 것이 안테나의 이득이다. 즉 모든 방향으로 균일하게 전력을 복사하는 안테나(〈그림 60〉 참조)에 비교하여, 같은 전력을 복사했을 때에 보내어져 오는 전력의 배수를 나타내는 것이 이득이다. 이를테면 지향성이 〈그림 62〉와 같은 안테나를 생각하여 보자. 이 안테나는 정면의 z축 방향에서부터 60도의 방향까지는 균일한 전파를 복사하고, 60도를 넘어서면 복사하지 않게

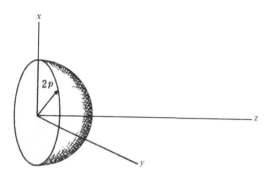

〈그림 61〉 xy면의 오른쪽으로만 균일하게 복사하는 안테나의 전력지향성. 반
구에서 나타내어지는 지향성의 반지름은 2p로 된다

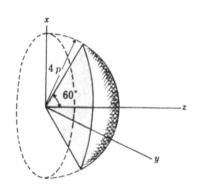

〈그림 62〉 z축으로부터 60°의 범위에만 균일하게 복사하는 안테나의 전력지
향성. 원뿔모양인 구의 반지름은 4p로 된다

되는 안테나이다.

　이 지향성을 연장시키면 수신점을 포함하는 반지름 R인 구의
전체 표면적 중 4분의 1의 면적만을 전파가 통과하는 것을 알
수 있다. 즉 무지향성 안테나와 같은 전력을 복사한 경우에는,
이 안테나의 전력지향성의 반지름을 4p로 하면 된다. 이 안테

나에서는 수신점에는 무지향성 안테나의 4배의 전력이 보내어
져 오므로, 이 안테나의 이득은 4가 된다.

〈그림 60〉, 〈그림 61〉, 〈그림 62〉에서는 안테나는 모두 같
은 전력을 복사하고 있는데, 복사하는 방향이 제한되면 그만큼
복사하는 방향으로의 전력이 커진다고 하는 당연한 일을 나타
내고 있다. 〈그림 60〉과 〈그림 62〉를 비교하면, 복사 방향을
제한하는 것이 전파를 집중하여 복사하는 데에 매우 효과적이
라는 것을 알 것이다.

## 이득을 나타내는 데시벨

안테나의 빔폭은 안테나의 크기에 따라서 결정된다는 것은 이
미 설명하였는데, 개구의 크기가 300파장인 안테나의 빔폭은
0.2도였다. 이것에 대응해서 이를테면 z축에서부터 0.1도의 각
도만큼 균일한 전파를 복사하고, 이것을 초과하면 복사가 제로가
되는 안테나를 생각해 보자. 자세한 계산에 따르면 이 안테나가
무지향성 안테나와 같은 전력을 복사했을 때에는 수신점에서는
328,000배의 전력으로 되고 이 안테나의 이득은 328,000이다.
위성통신용 지상국의 대형 안테나에서는 이득이 100만을 넘는
것도 있으나, 작은 쪽의 이득에서는 미소다이폴 안테나의 1.5,
반파장 다이폴 안테나의 1.65 등이 있다.

이처럼 넓은 범위의 값을 갖는 이득을 간단하게 나타내는 것
이 「데시벨(Decibel, 기호 dB)」이다. 〈그림 63〉에 보인 것과 같
이 실제의 값(위)의 대수(對數)를 취하여 그것을 10배로 한 것이
데시벨로 나타낸 값(아래)이다. 이와 같이 나타내면, 이득이 1인
무지향성 안테나에서는 0dB, 이득이 100만인 대형 안테나에서

실제의 값

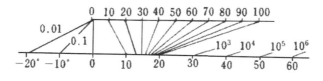

데시벨로 나타낸 값

〈그림 63〉 이득을 나타내는 데시벨. 실제의 값(위)과 데시벨로 나타낸 값(아래)
의 대응을 보였다. 실제의 값은 세기이기 때문에 마이너스로는
되지 않는다

는 60dB이 된다. 데시벨의 벨(Bel)은 전화를 발명한 벨(A. G.
Bell)의 이름에서 연유하며, 데시(Deci)는 값을 10배 한 것을
나타내고 있다. 10배를 하지 않으면 값이 너무 작기 때문이다.

 전화를 걸었을 때 송화구에서 나간 신호는 전화선, 교환기나
중계기 등을 거쳐 상대방의 수화기에 도달한다. 이를테면 송화
기에서 나간 1W의 전력은 전화선에서 40분의 1(-16dB)로, 교
환기에서 10분의 1(-10dB)로, 중계기에서 1,000배(30dB)가 된
다고 하면, 중계기를 나오는 전력은 이것들을 곱한 값이 된다.
이것을 괄호 안의 데시벨로 나타내면 그것들의 합으로써 간단
한 계산에 의해 4dB이 된다. 4dB은 대응하는 실제의 값은
2.5이지만, 이 예시에서는 송화기에서부터 나간 신호가 1W이
므로, 그것의 2.5배인 2.5W가 중계기의 출력이 된다. 벨은 전
화선의 설계에서 이 대수를 이용했던 것이다.

 데시벨과 같은 대수로써 나타내어지는 양은 이 밖에도 여러
가지가 있다. 잡음의 크기를 나타내는 「폰(Phon, 기호 P)」이나
지진의 크기를 나타내는 「매그니튜드(Magnitude)」 등이 있다.

이것은 인간의 감각이 대수에 비례하여 느껴지기 때문이며, 그만큼 미약한 것에 민감하다는 것을 의미하고 있다. 이를테면 〈그림 63〉에서 위가 실제의 소리의 세기라고 하면, 인간이 느끼는 것은 아래와 같이 되어 큰 소리에는 둔감하고 작은 소리에는 민감해진다는 것을 알 수 있다. 0.1과 0.01의 차이와 10과 100의 차이가 같은 것으로 느껴지니까 이상한 일이다. 민감한 사람일수록 약한 것에 대한 감수성이 강해지고, 그 차이를 알 수 있다는 것을 의미하고 있다.

안테나의 이득은 무지향성 안테나에 비교하여 이득이 배인 전력이 목적하는 방향으로 보낼 수 있다는 것을 의미하고, 무선통신에서는 중요한 양이지만, 그렇다고 하여 직감적으로는 반드시 알기 쉬운 양은 아니다. 이것에 대해 빔폭은 전파의 복사가 강한 범위의 각도의 크기이기 때문에 알기 쉽다. 이득과 빔폭의 관계를 보인 것이 〈그림 64〉이며, 아래쪽의 가로축이 빔폭, 세로축이 이득이다. 이 그림에서는 이득을 데시벨로 나타내었기 때문에 가로축의 빔폭도 대수의 눈금으로 되어 있다. 빔폭이 좁을수록 이득이 커지고 서로 반비례의 관계에 있는데, 그림과 같이 대수의 눈금으로 하면 직선관계가 된다.

실제의 안테나에서는, 위성통신의 대형 안테나의 이득이 60dB(100만 배)이고 빔폭은 0.2도, 전화국의 옥상의 안테나에서는 이득이 45dB(32,000배)이고 빔폭은 1도, 위성방송의 수신 안테나는 이득 35dB(3,200배)이고 빔폭은 3도 등의 값을 가지고 있다. 〈그림 64〉는 개구면 안테나와 같이 전파가 안테나의 한쪽으로만 복사되는 경우의 것으로서, 다이폴과 같이 이득이 작은 안테나에는 적용할 수 없는 관계이다. 이와 같이 이득은

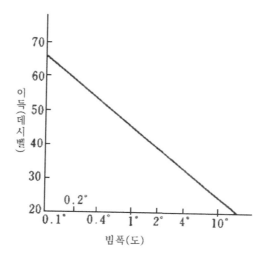

〈그림 64〉 안테나의 빔폭과 이득의 관계

무선통신에는 중요한 양이며, 실제의 안테나에서는 이것을 크게 하기 위해 여러 가지로 연구되고 있다.


## 5. 고성능 개구면 안테나

### 이득을 크게 하는 방법

뉴턴이 발명한 반사망원경이나, 그것을 개량한 카세그레인식 망원경의 형상을 그대로 전파의 안테나로서 이용하고 있는 것이라면, 안테나 기술자도 진취성이 없다고 힐책을 받은들 할 말이 없을 것이다. 그러나 실제의 안테나에서는 이득을 크게 하기 위해서나, 4장에서 말하는 사이드로우브의 억압을 위해

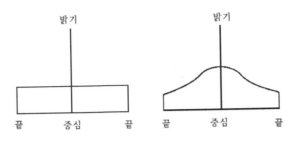

〈그림 65〉 안테나 개구면상의 조도분포. 균일한 조도분포(좌)와 개구 중심에서
는 밝고, 끝에서는 어두운 조도분포(우)

교묘한 연구가 이루어져 있다. 그러면 안테나의 이득을 크게
하기 위해서는 어떤 방법이 있을까?

개구면 안테나에서부터 전파가 나가는 것은 마치 회중전등의
전면에서부터 빛이 나가는 상태와 비슷하기 때문에, 개구면 위
의 전파의 세기를 「조도분포(照度分布, Illumination Distribution)」
라고 일컫는 일이 많다. 개구면을 통과하는 전파의 세기가 〈그
림 65〉의 왼쪽과 같이 일정한 경우를 균일한 조도분포라고 한
다. 실제의 안테나는 화중전등과 같으며 〈그림 65〉의 오른쪽과
같이 개구의 중심부가 밝고, 끝으로 감에 따라 빛이 약해지는
일이 많다. 이와 같은 경우를 「무게가 실린 조도분포」 또는
「끝이 뾰족한(Taper) 조도분포」라고 말한다. 'Taper'는 차츰차
츰 작아지는 것을 말한다.

여러 번 강조하였듯이, 안테나의 이득은 지향성의 빔폭에 의
해 결정되고, 빔폭은 안테나의 크기에 따라 결정된다. 그런데
같은 크기의 안테나에서도 조도분포에 따라서 이득이 크게 달
라진다. 지향성이 제로가 되는 각도를 조사한 경우와 마찬가지

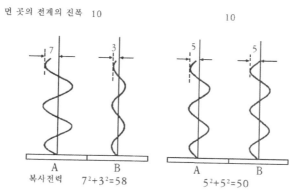

먼 곳의 전계의 진폭  10

〈그림 66〉 하나의 안테나 A, B의 두 개로 나눈 안테나가 복사하는 파동

로(〈그림 58〉 참조), 한 개의 안테나를 작은 두 개의 안테나 A
와 B로 나누어 생각해 본다(〈그림 66〉 참조). 각각의 안테나로부
터 복사되는 전파는 정면의 먼 곳에서는 같은 부호로써(자세하
게는 같은 위상으로, 1-5 〈하위헌스의 원리에 의한 설명〉 중반부 참
조) 합산되는 것은 그림에 보인 바와 같다.

  여기서 안테나 A와 B에서는 복사되는 전파의 진폭에 차가
있고, 그림의 왼쪽에 보였듯이 A에서부터 나가는 전파의 진폭
의 상대적인 값을 7로 하고, B에서부터의 전파의 진폭은 3으
로 한다. 정면의 먼 곳에서는 이들 전파는 같은 부호로써 더해
지므로 전파의 상대적 진폭은 10이 된다.

  안테나가 복사하는 전파의 전력은 개구를 통과하는 전파의
진폭 제곱과 개구의 면적을 곱한 값에 비례한다. 따라서 〈그림
66〉의 경우, 복사전력의 상대값은 안테나 A와 B는 같은 크기
의 개구이기 때문에 7의 제곱과 3의 제곱의 합인 58이 된다.
그런데 〈그림 66〉의 오른쪽에 보였듯이 안테나 A와 B가 같은

진폭 5의 전파를 복사한다고 하면, 먼 곳의 전파의 진폭의 상대값은 앞에서와 같은 10이 되지만, 복사전력의 상대값은 5의 제곱의 2배인 50이 된다.

또 이 진폭이 6과 4라고 가정하면, 먼 곳에서의 진폭은 같아도 복사전력의 상대값은 6의 제곱과 4의 제곱의 합인 52가 된다. 이와 같이 먼 곳에는 같은 전력을 보내는 안테나라도, 안테나의 개구면 위의 전파의 진폭에 따라 필요한 복사전력은 50, 52, 58로 된다. 먼 곳에서의 전파의 진폭은 같기 때문에 이 전력이 작을수록 이득이 큰 것은 당연하다. 따라서 개구 위의 전파의 진폭차가 적을수록 이득이 커지고, 같은 진폭인 때에 이득이 최대가 되는 성질을 가지고 있다.

어떤 일정한 수를 몇 개의 수의 합으로서 나누었을 때, 나누어진 개개의 수의 제곱의 합이 최소로 되는 것은 평등하게 나누었을 때이다. 그것은 고등학교의 교과서에서도 나오는 유명한 「슈바르츠(Schwarz)의 부등식」이다. 반대로 몇 개의 수의 제곱의 합이 일정한 때에, 그들 수의 합이 최대가 되는 것은 모든 수가 같은 때라고 바꿔 말할 수도 있다. 안테나의 말로써 표현하면, 하나의 안테나를 몇 개의 작은 안테나로 나누어 복사전력을 분배하는 경우, 평등하게 분배했을 때에 정면의 먼 곳에서의 전력은 최대가 된다고 하게 된다.

모든 것이 같을 때 어떠한 것이 최대가 된다고 하는 슈바르츠 부등식의 의미에 대응하는 물리현상은 안테나 이외에도 여러 가지가 있다. 좀 비약적인 이야기가 되겠지만, 사회 현상에서는 한정된 부(富)를 사람들에게 분배할 경우에는 평등하게 분배했을 때에, 사람들의 힘의 합인 국력이 최대가 된다는 의미로 해석할 수도 있다. 일본에서는 빈부의 차가 적다는 것이 「엔(円)」이 강한 이유의 하나라고 하는 견해가 유력하다.

## 반사경 안테나의 두 가지 조건

그런데 실제의 개구면 안테나에서는 최초에 혼 안테나(〈그림 50〉 참조)에서부터 전파가 복사되는데, 일반 안테나와 마찬가지로 혼 안테나가 복사하는 전파 역시 정면이 세고, 정면에서부터의 각도가 커짐에 따라서 복사가 약해지는 성질을 갖고 있다. 〈그림 67〉의 (1)은 이 상태를 보인 것으로서, 혼 안테나에서부터 나가는 전파를 빛과 같이 광선으로써 나타내었다. 광선이 빽빽해지는 중심부에서는 전파가 강하고, 광선이 성긴 끝에서는 전파가 약해진다는 것을 의미하며, 오른쪽에 보인 것과 같이 테이퍼(Taper, 경사)가 달린 조도분포가 되는 것을 나타내고 있다.

이 혼 안테나와 카세그레인식 망원경을 조합한 것이 〈그림 67〉의 (2) 카세그레인 안테나이다. 이 안테나는 원리적으로는 〈그림 50〉의 파라볼라 안테나와 같으므로, 주반사경에서 반사된 평행광선의 밀도는 혼 안테나와 마찬가지로 중심부에서 빽빽하고 끝에서는 성기게 된다. 따라서 개구면(점선) 위의 조도분포는 오른쪽에 보였듯이 테이퍼가 달린 분포로 된다. 원리를 보이기 위한 그림이기 때문에 부반사경에서 차폐되는 효과를 무시하였다. 다만 실제의 카세그레인 안테나에서는, 부반사경의 크기는 주반사경의 1할 이하이기 때문에 차폐가 되어도 그다지 눈에 두드러지지 않는다. 이 카세그레인 안테나도 보통의 파라볼라 안테나와 마찬가지로 다음 조건을 만족하고 있다.

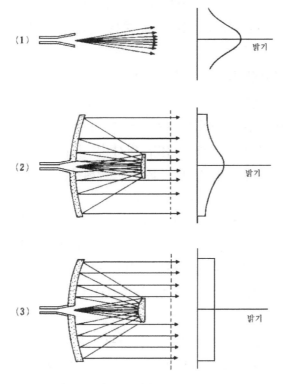

〈그림 67〉 각종 안테나의 조도분포
(1) 혼 안테나, (2) 보통의 카세그레인 안테나, (3) 주반사경의 거울 면을 수정
하여 이득을 크게 한 카세그레인 안테나

(1) 혼 안테나의 중심에 있는 초점을 나온 광선은, 주반사경에서
반사되어 평행광선이 되는데, 초점과 세로인 점선까지의 광
선의 길이는 모두 같다.

(2) 반사경의 표편에서는 입사각과 반사각이 같다고 하는 반사법
칙을 만족하고 있다.

　반사경이 한 장인 파라볼라 안테나에서는, 이들 두 조건을 만족하기 위해 거울면은 필연적으로 포물선을 회전시킨 면(회전 포물면이라 한다)이 된다. 그런데 카세그레인 안테나에서는 반사경이 두 장이 있기 때문에 주반사경을 회전포 물면에서부터 변형을 하더라도 이들의 조건을 만족시키는 가능성이 있다. 이를테면 부반사경을 부풀였을 때는 그 몫만큼 주반사경을 안으로 들어가게 하여 초점에서부터 점선까지의 광선의 길이를 일정하게 할 수 있기 때문이다.

　실제로 이와 같이 하여 주반사경의 표면형상을 변형한 예시가 〈그림 67〉의 ⑶이다. 변형하는 방침으로는 주반사경에서 반사된 평행광선의 밀도를 균일하게 함으로써, 부반사경을 근소하게 부풀여서 혼 안테나로부터 나간 광선을 되도록 주반사경의 끝쪽으로 진행하게 하고 있다. 주반사경은 이것을 보완하도록 변형하여 앞의 두 조건을 만족시키는데, 실제로는 알아볼 수 없을 정도의 변형량이다.

　이 결과, 혼 안테나로부터 나간 광선의 조도분포에는 테이퍼가 달려 있어도 주반사경에서 반사된 평행 광선은 균일한 조도분포로 되어 이득을 크게 할 수가 있다. 또 혼 안테나로부터의 전파를 전부 반사시키기 때문에 부반사경에 의한 차폐를 없애도록, 즉 주반사경에서 반사된 빛이 부반사경에 닿지 않게 설계하는 것도 중요한 점의 하나이다.

　이와 같이 거울면을 파라볼라에서부터 변형하는 것을 「경면수정(鏡面修正)」이라고 하는데, 실용되고 있는 많은 카세그레인 안테나, 특히 개구의 지름이 100파장 정도의 큰 안테나에서는 예외 없이 거울면이 파라볼라로부터 수정되어 이득향상 등이 꾀하여지고 있다. 다만 이득이 크다는 것은 장점이기는 하지만 모두가 다 좋은 것만은 아니다. 이득을 크게 하면 사이드로우브도 커지는데 레이더 안테나 등에서는 이것이 단점이 된다. 4장에서 설명하듯이 사이드로우브를 억압하는 것도 안테나를 설계할 때의 하나의 목표이다.

# 4장
# 어레이 안테나

여러 가지 안테나4
전신전화국의 안테나

# 1. 안테나의 배열

## 작은 안테나를 배열

가장 역사가 오래인 개구면 안테나가 어류이고, 그 다음에 나타난 반파장 다이폴 안테나와 같은 선형 안테나를 조류에 대응시켰었다. 드디어 마지막이 가장 새로운 안테나인 「어레이 안테나」의 포유류이다. 작은 안테나를 여러 개 배열한 어레이 안테나가 왜 포유류에 해당하느냐는 본론으로 들어가기 전에, 어레이 안테나가 고안되기에 이른 배경 등을 생각하여 보기로 하자.

헤르츠가 전파의 존재를 실증하는 실험에서 이용한 주파수는 현재의 텔레비전 방송의 주파수와 같은 초단파였다. 주파수는 30~300MHz, 파장은 1~10m이다. 그리고 이 전파를 곧 무선 통신에 이용하기 위해 대대적으로 실험한 사람이 마르코니이며, 원거리 통신을 위해서는 낮은 주파수 쪽이 유리하다는 것이 알려지게 되었다. 지구 상공 200㎞ 부근에 전리층(電離層)이라고 불리는 얇은 층이 있어, 낮은 주파수의 전파는 반사하지만 텔레비전 방송 정도의 높은 주파수의 전파는 투과하는 성질을 가지고 있기 때문이다.

낮은 주파수로 하면 둥근 지구의 뒤쪽과도 통신할 수 있다. 일본에서 베이징의 텔레비전은 보이지 않지만, 중파 라디오의 베이징 방송(파장 약 300m)이 들리는 것은 전리층 때문이다. 만약 먼 곳의 텔레비전이 보인다고 한다면, 일본의 국내에서도 떨어진 지역에서는 같은 채널로 다른 프로그램이 방송되고 있기 때문에 화상이 겹쳐져 야단이 날 것이다.

　마르코니의 시대에는 원거리 통신에서는 파장 1,000m 정도 긴 파장의 전파가 이용되었다. 무선통신에서는 이득을 크게 하는 것이 가장 중요한 과제인데, 이와 같이 낮은 주파수에서는 개구면 안테나를 이용할 수 없기 때문에 안테나를 되도록 공중에 높이 쳐서 길이가 500m인 반파장 안테나에 접근시키는 노력이 기울여졌다. 마르코니가 대서양을 횡단하는 무선통신에 성공한 것은 1901년인데, 이때의 파장은 960m이며 안테나로는 연을 이용하여 전선을 지상 120m의 높이까지 뻗어 놓고 있었다.

　안테나를 「공중선(空中線)」이라고 표현한 것은 아주 적절한 표현이었다. Antenna(촉각, 더듬이)는 주로 미국에서 사용되고, 역사를 존중하는 영국에서는 최근까지 공기의 어원을 갖는 Aerial이 사용되고 있었는데, 공중선은 후자를 번역한 말이다. 어느 큰 전기메이커에는 「공중선부」라는 부서가 있는데 여기서는 전적으로 파라볼라 안테나와 카세그레인 안테나의 개발, 제작을 담당하고 있다. 카세그레인 안테나를 공중선이라고 하면 어쩐지 느낌이 선명하지 못한데, 이 부서가 최근에야 겨우 「안테나 개발부」로 이름이 바뀐 것을 보면, 공중선이라는 말에는 나름대로의 전통적인 무게가 있는지도 모른다.

　전선을 공중에 높이 쳐서 이득을 크게 하는 것이 곤란하게 되었을 때, 두 가닥의 안테나를 가로로 배열하는 방법이 생각되었다. 이것은 지금으로 보면 아주 자연스런 발상인 것처럼 생각되지만, 누구나가 다 안테나를 높이 치는 것에 고생하고 있을 때, 가로로 두 가닥을 배열한다는 것은 발상의 커다란 전환이었다. 〈그림 68〉에는 두 가닥의 반파장 다이폴 안테나를

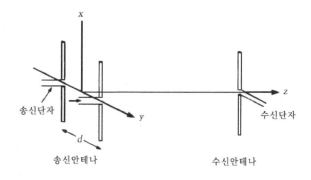

〈그림 68〉 두 가닥의 반파장 다이폴을 간격 d로 배열한 송신 안테나

간격 d로써 배열한 송신 안테나와 그 정면의 먼 곳에 수신 안테나가 있는 경우를 보였다. 이 송신 안테나의 이득을 생각해 보기로 하자.

## 안테나의 간격이 중요

지금 송신 안테나의 하나에만, 이를테면 1W의 전력을 급전했을 경우, 수신 안테나의 단자 간에 나타나는 출력전압을 가령 1V라고 한다. 다음에는 두 개의 송신 안테나에 동시에 1W씩 급전하였다고 하면, 각각의 안테나에서부터 복사되는 전파는 먼 곳의 수신 안테나 위치에서는 같은 부호(같은 위상)로써 겹쳐지기 때문에 전파의 진폭은 전의 2배가 된다. 따라서 이때의 수신 안테나의 단자간의 출력전압은 2V가 될 것이다.

수신 안테나에서부터 끌어낼 수 있는 전력은 출력전압의 제곱에 비례하기 때문에, 한 개의 송신 안테나에만 급전했을 때와 비교하여 4배의 수신 전력이 된다. 두 개의 수신 안테나에

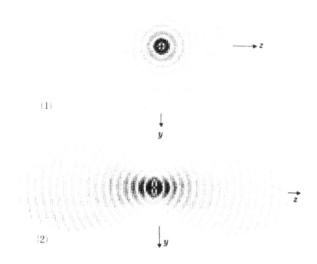

〈그림 69〉 종이면에 수직으로 놓인 다이폴 안테나로부터 수평면으로 복사되는
전파의 상태. ⑴ 한 개의 안테나일 때, ⑵ 두 개의 안테나가 상하
로 반파장 간격으로 놓였을 때

동시에 급전했을 때에 필요한 송신 전력은 2배인 2W인데도
불구하고, 수신 전력은 4배가 되므로 두 개의 송신 안테나를
한 벌의 안테나라고 보면, 안테나의 이득은 2배가 되는 것을
안다.

알듯 말 듯한 설명이지만, 이것을 안테나의 지향성에서부터
조사해 보자. 반파장 다이폴 안테나에서부터 전파가 나가는 상
태는 〈그림 46〉에 보였다. 이것은 안테나의 도체선을 포함하는
면 안의 상태이며, 도체선에 수직인 가로 방향으로는 강하게
복사되고, 도체선의 방향인 상하에는 복사되지 않는다는 것을
가리킨다. 〈그림 68〉과 같이 도체선이 대지에 수직인 때는, 수

평면 안(yz면 내)의 모든 방향으로 강한 전파가 균일하게 복사되고 있다. 이 안테나에서부터 수평면 안으로 전파가 복사되는 상태를 보인 것이 〈그림 69〉이다.

이 그림의 (1)은 한 개의 송신 안테나만을 급전한 경우이고, 수평면에서는 모든 방향으로 균일하게 퍼지는 파동이 된다. (2)는 두 개의 송신 안테나를 동시에 급전했을 때로, 안테나의 간격 d는 반파장으로 하였다. 한 개의 안테나의 경우와는 크게 달라서 전파는 수신 안테나가 있는 오른쪽 및 반대인 왼쪽으로는 강하게 반사되지만 상하로는 복사되지 않는다.

전파가 나가는 방향이 제한되면 이득이 커진다는 것은 앞 장에서 설명했으나 〈그림 69〉의 (1), (2)를 비교하면 아래쪽의 안테나 이득이 크게 되는 것은 명확하다. 이와 같이 안테나를 배열하였을 때, 간격 d는 중요한 의미를 가지며, 지향성은 이 간격에 따라 크게 바뀐다. 구체적인 예를 보인 〈그림 70〉의 (1)은 간격 d를 1파장으로 한 경우인데, 전파는 수평면의 좌우뿐 아니라 상하 방향으로도 강하게 복사된다.

안테나의 이득은 지향성에 따라 결정될 터인데도, 안테나를 두 개 배열했을 때에 이득이 크게 되는 〈그림 68〉의 설명에서는, 안테나의 간격 d는 관계가 없었다. 이것은 얼핏 보기에 이상한 것 같지만, 간격 d가 반파장인 때의 〈그림 69〉의 (2)와 1파장인 때의 〈그림 70〉의 (1)을 비교하면, 후자 쪽이 빔폭이 좁아져 있다는 것을 알 수 있다. 빔폭이 좁다는 것은 이득이 크다는 것을 의미하는데, 통신할 방향이 아닌 상하로 전파가 복사된다는 것은 이득을 작게 하는 원인이 된다. 사실은 이것들은 플러스, 마이너스가 상쇄하여 간격 d가 반파장인 때와 1파

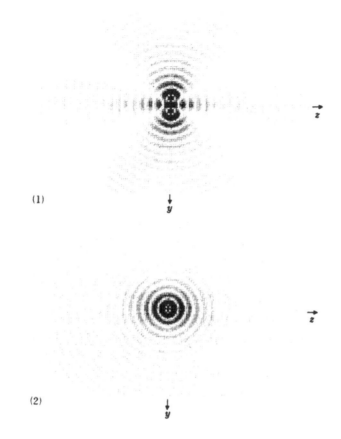

〈그림 70〉 종이면에 수직으로 놓인 다이폴 안테나로부터 수평면으로 복사되는
전파의 상태. ⑴ 두 개의 안테나의 간격(위, 아래로)이 1파장일 때,
⑵ 두 개의 안테나의 간격이 1/4파장일 때

장인 때의 이득이 거의 같아지는 것이다.

다음에는 간격 d가 작은 경우는 어떨까? 〈그림 70〉의 ⑵는
간격이 1/4파장인 때로서, 복사되는 전파의 상태는 한 개의 안

테나만을 급전한 〈그림 69〉의 (1)을 닮았다는 것을 알 수 있다. 이것은 생각해 보면 당연한 일로서, 두 가닥의 도체선의 간격을 작게 하면 한 가닥인 도체선과 비슷한 성질을 갖는 것은 쉽게 상상할 수 있다. 그렇다면 두 가닥의 안테나를 배열하여 이득이 2배가 된다고 하는 〈그림 68〉의 설명은 어디가 이상한 것일까?

안테나를 배열하여 이득이 커지는 설명에서는 두 가닥의 안테나는 독립으로 존재하는 것이 전제로 되어 있다. 안테나의 간격이 어느 정도 크면, 한 개의 안테나에 1W를 급전한 후에도 다른 안테나에 꼭 같이 1W를 급전할 수가 있다.

그러나 안테나가 접근하면 한 개의 안테나에 1W를 급전한 뒤에는, 다른 안테나의 단자에는 유도에 의하여 전압이 발생하기 때문에, 전과 같은 전압을 가하여도 급전되는 전력은 1W가 아니게 된다. 이것은 안테나가 서로 영향을 끼치기 때문이며, 복사되는 전파의 진폭은 같아도 두 가닥의 안테나의 복사전력은 합이 되지 않는다는 것을 의미하고 있다. 이것에 대해서는 뒤에서 자세히 언급하겠지만, 이 안테나간의 상호 영향을 적극적으로 이용한 것이 유명한 「야기-우다 안테나」이다.


## 2. 야기-우다 안테나

### 전파의 복사방향 제한의 장점

안테나에서부터 복사되는 전파의 방향을 제한하면 안테나의 이득이 커지기 때문에, 전파를 제한된 방향으로만 복사하는 안

테나의 형상을 발견하는 것은 중요한 과제이었다. 한 가닥의
수직인 반파장 다이폴 안테나는 수평면 안의 모든 방향으로 균
일하게 복사하지만, 두 가닥의 같은 안테나를 반파장 간격으로
배열하면, 좌우(동서)로 강하게 복사하고 상하(남북)로는 복사하
지 않는다(〈그림 69〉의 ⑵). 그러나 전파의 복사 방향을 제한하
는 것은 안테나의 이득을 크게 함으로써 불필요한 방향으로의
복사를 억압하여 통신내용의 누설을 방지할 목적에서 더욱 중
요해지는 경우도 있다.

　송전선과 같은 전송선로를 부설하지 않아도 통신회선이 설정
될 수 있는 무선통신은 간편하고 경제적인 등의 장점이 있다.
그러나 공간을 전파(傳播)하는 전파는 누구든지 방수(도청)할 수
있기 때문에, 통신의 비밀누설은 무선통신의 최대 약점이다. 역
사적으로 살펴보면 러일전쟁의 동해 해전과 같이 전쟁에서 위
력을 발휘한 무선통신이기 때문에, 통신의 비밀을 지키는 것은
처음부터 매우 중요한 문제였다. 현재도 경찰무선이나 자동차
전화의 전파를 도청하는 것이 화제에 올라있고 그 대책이 연구
되고 있다.

　전파의 복사 방향을 제한하는 것은, 불필요한 방향으로의 복
사가 억압되기 때문에 다른 무선통신에 대한 혼신을 방지할 수
있는 것도 큰 이점이다. 이것들이 복사한 전파는 통신 상대에
게는 귀중하지만 다른 사람들에게는 쓸모없는 것이다. 피아노
의 연습이나 가수의 발성 연습과 마찬가지여서, 관계자들에게
는 중요할지 몰라도 주위 사람들에게는 큰 폐가 될 수 있다.
말하자면 공업폐수를 규제하여 하천을 깨끗이 하듯이, 불필요
한 방향으로의 복사를 억압하여 공간을 전파로써 오염시키지

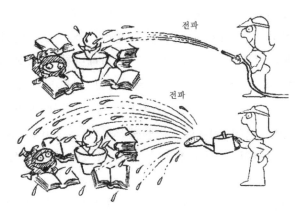

전파

전파

〈그림 71〉 비밀방위, 혼신 방지를 위해서도 전파 방향을 제한할 필요가 있다

않는 것이 중요하다.

특히 장래는 휴대전화와 같은 개인의 이동통신이 보급될 것이다. 각 가정이 한 대씩의 무선전화를 갖게 된다면, 불필요한 방향으로의 복사의 억압은 안테나에 부과되는 가장 중요한 문제가 될 것이다.

통신할 상대를 향해 가느다란 빔 모양의 전파를 복사하는 데는 개구면 안테나가 효과적이지만, 이것은 파장이 긴 전파에서는 무리라는 것을 여러 번 설명하였다. 그러나 가느다란 빔은 무리더라도 안테나의 뒤쪽에 도체의 반사판을 두어, 뒤쪽으로의 복사를 약하게 할 수는 있다. 〈그림 72〉의 (가)는 그것의 한 예로 그림을 설명하는 편의상 직각 좌표도 더불어 표시하여 두었다. xy면 안에 있는 반사판 앞에 반파장 다이폴 안테나를 둔 구조로서 통신을 하는 상대는 z축 위의 먼 곳에 있는 것으로 한다.

파장이 긴 경우는 반파장 다이폴 안테나라도 전선을 치는 것

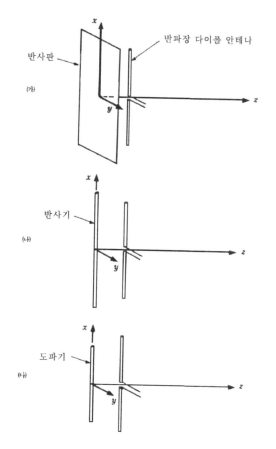

〈그림 72〉 여러 가지 이득을 크게 하는 안테나

은 큰일이므로, 하물며 반사판을 설치하기란 어려운 일이다. 그
때문에 반사판은 되도록 작게 하고 싶은데, 그 극한이 반사판
을 도체선으로 한 구조이다(〈그림 72〉의 (나)). 도체선에서도 반
사판의 효과가 있다는 것은 이미 1900년경에 독일에서 보고되
어 도체선의 스크린 효과로서 알려져 있었다. Screen이란 막,

포장, 커튼 등을 말하며 전파나 빛을 차폐한다는 뜻도 있다.

그러나 안테나를 반파장의 간격으로 배열한다는 것은 파장이 긴 경우에는 넓은 땅이 필요하기 때문에, 〈그림 68〉이나 〈그림 72〉와 같은 방식은 파장 수백 미터의 전파를 사용한 통신에서는 실용화하기 어렵다. 또 이와 같은 구조의 안테나의 성질을 조사하기 위한 실험도 곤란했기 때문에, 이것에 관한 연구는 파장이 훨씬 더 짧은 전파가 안정되어 발생할 수 있을 때까지 기다려야만 했다.

1차 세계대전 후, 일본의 국력이 충실해지는 동시에 과학 기술이 약진하던 시대에, 당시 도호쿠(東北)대학의 교수이던 야기(八木秀次)기, 중요성이 인식되기 시작한 단파통신의 연구보다 한걸음 앞서서 파장이 짧은 초단파의 연구를 추진하고 있었다. 단파는 파장이 10~100m인, 그리고 초단파는 파장이 1~10m의 전파를 말한다. 이 연구의 처음은 파장이 짧은 전파를 발생시키는 일인데, 이미 진공관의 원리는 발명되어 있었다. 파장이 1m가 되면, 반파장은 50㎝이므로 〈그림 72〉와 같은 실험도 연구실 안에서 가능해진다.

## 전파를 유도하고 반사하는 도체선

전파를 한 방향으로 복사시키는 무선통신용 안테나로서, 야기연구실의 학생이 〈그림 72〉 (나) 형식의 안테나를 실험하던 중 (다)와 같이 도체선을 반파장 다이폴보다 짧게 하면, 전파가 지금까지 와는 반대 방향(왼쪽)으로 복사되는 것을 우연히 발견하였다. 1926년의 일로 이것이 현재도 사용되고 있는 야기-우다 안테나의 시작이었다. 이 짧은 도체선은 반파장 다이폴 안

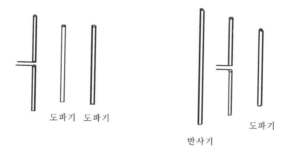

도파기  도파기

반사기

도파기

〈그림 73〉 야기-우다 안테나의 여러 가지 형상

테나가 발생시킨 전파를 유도하는 작용이 있기 때문에, 야기 교수에 의해 「도파기(導波器)」라고 명명되었다. 이것에 대해 (나)의 긴 도체선은 「반사기(反射器)」라고 불린다.

한 가닥의 도체선이 반사기로 되느냐, 도파기로 되느냐는 것은 매우 중대한 차이가 있다. 그 이유는 〈그림 72〉의 (나)에서 반사기의 뒤쪽에 또 한 가닥의 도체선을 두어도, 반사기의 뒤쪽은 전파가 약하기 때문에 그 효과가 적을 것이다.

이것에 대해 〈그림 73〉의 왼쪽과 같이 도파기 앞에 또한 가닥의 도파기를 두면, 그 위치는 전파가 강하기 때문에 그 효과가 크고, 나아가 전파를 앞 방향으로 유도하는 작용이 있다고 생각할 수 있다. 따라서 반파장 다이폴 안테나 앞에 배열하는 도파기의 수를 많게 하면 그만큼 이득이 커질 것이라고 예상된다. 이것에 주목하여 연구를 추진한 것이, 당시 도호쿠대학의 강사(후에 교수)이던 우다(宇田新太郞)이었다. 즉 야기-우다 안테나로 불리는 이유이다.

야기-우다 안테나에는 여러 가지 형상의 것이 있는데, 가장

송신안테나

〈그림 74〉 야기-우다 안테나(NHK 방송박물관). 1930년 브뤼셀 만국박람회에
출품한 것

간단한 구조는 〈그림 72〉의 (다)와 같이 반파장 다이폴에 도파
기를 한 가닥 추가한 것이다. 도파기의 기능을 더욱 적극적으
로 이용한 것이 〈그림 73〉의 왼쪽이며, 이 형식에서 도파기를
여러 가닥으로 한 안테나가 비교적 잘 사용되고 있다. 반파장
다이폴의 앞뒤에 도파기와 반사기를 둔 구조(〈그림 73〉의 오른쪽
참조)는, 소형인데다 이득이 크기 때문에 야기-우다 안테나의
표준적인 형식으로 되어 있다.

야기-우다 안테나에는 여러 가지 특징이 있는데, 그림으로부
터 알 수 있듯이 반사기나 도파기로서 보통의 도체봉을 두는
것만으로써, 이들에 급전하지 않아도 된다는 것은 큰 이점이다.
급전하지 않은 도체봉에 전류가 흐르는 것은 반파장 다이폴과
반사기나 도파기와의 간격이 작기 때문이며, 실제의 야기-우다
안테나에서는 약 1/8파장 간격이다. 그런데 두 가닥의 안테나
의 간격을 1/4파장 정도로 작게 하면 안테나를 배열하는 효과

가 없었는데도(〈그림 70〉의 ⑵), 그보다 작은 간격에서도 이득이
커지는 것이 야기·우다 안테나이다. 도파기나 반사기에는 어떤
전류가 흐르고 있는 것일까?

## 3. 야기-우다 안테나의 비밀

### 한 가닥의 안테나에만 급전

일본에 특허제도가 도입된 것은 1885년으로, 1985년에 100
주년이 되었다. 그 기념행사의 하나로 일본에서 100년 사이의
10대 발명, 발견을 선정했는데, 스즈키(鈴木梅太郎)의 비타민 $B_1$,
혼다(本多光太郎)의 강력자석 KS강(鋼) 등과 함께 야기-우다 안
테나도 10대 발명의 하나로 선정되었다. 두 가닥 내지 세 가닥
의 도체봉이 늘어서기만 했을 뿐인 극히 단순한 구조의 야기-
우다 안테나가 100년에 대발명으로 선정된 커다란 이유는,
1926년에 발명된 것이 60년이 지난 현재에도 대대적으로 이용
되고 있는 그 수명의 길이에 있다고 생각된다.

고전이라고 일컬어지는 문학이나 음악은, 작품이 뛰어나기
때문에 오랜 세월에 걸쳐 사람들에게 읽히거나 들려지곤 한다.
언제까지나 활약을 계속하고 있는 배우나 탤런트에게는 반드시
무언가 뛰어난 점을 지니고 있는 것과 같다. 다만 뛰어나다고
하여 긴 수명을 누리는 것은 아니다. 발명도 탤런트도 비슷하
다. 주위의 상황에 따르기 때문이다.

이를테면 2차 세계대전 전에는 레이더 때문에 높은 주파수의
전파를 발생하는 진공관의 연구에는 상당한 정력이 경주되어

많은 훌륭한 발명들이 있었으나, 보다 높은 주파수에서 동작하는 진공관이나 트랜지스터가 발명되자 앞서 했던 발명은 희미해지고 말았다. 그 점에서 야기-우다 안테나에 관하여는, 전후에 텔레비전이 보급되어 수신 안테나로서 적합하다는 것이 크게 인정되어, 대부분의 가정이 이 안테나의 신세를 지고 있다. 「운도 실력 중의 하나」라고나 할 것이다.

야기-우다 안테나의 이점은 우선 구조가 간단하다는 것을 들 수 있다. 반파장 다이폴 안테나를 가로 방향으로 배열한 〈그림 68〉의 예에서는, 두 가닥의 안테나는 모두 급전선에 접속할 필요가 있지만, 야기-우다 안테나에서는 〈그림 73〉과 같이 한 가닥의 안테나만 급전하면 된다. 이것은 사소한 일 같지만 매우 중요한 일로서, 안테나의 급전선은 전등선과 같이 간단히 분기 (分枝)할 수 없는 성질을 지니고 있기 때문이다. 이를테면 텔레비전 안테나의 급전선을 정식으로 분기하는 데는 어떤 회로가 필요하며, 전등선과 같이 접속하는 것만으로 분기하면 고스트 (Ghost)의 원인이 되는 수가 있다.

## 두 가닥 안테나의 상호작용

야기-우다 안테나가 본질적으로 뛰어난 점은 간단한 구조에 비해 이득이 크다는 점이다. 이것은 도파기나 반사기에 유도에 의해 전류가 흐르는데, 그 전류가 「우연」하게도 이득을 최대로 하는 전류에 가깝기 때문이다. 안테나의 이득은 지향성에 따라 결정되고, 지향성은 각 안테나에 흐르는 전류에 따라 결정되므로, 먼저 안테나에 흐르는 전류와 지향성의 관계에 대해 조사해 보기로 하자.

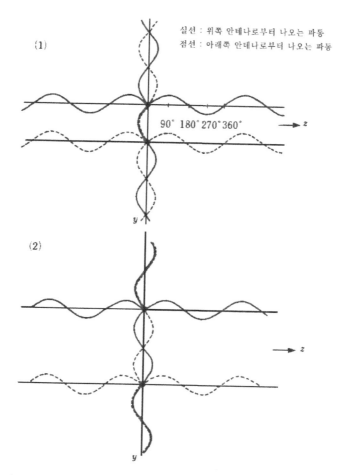

실선 : 위쪽 안테나로부터 나오는 파동
점선 : 아래쪽 안테나로부터 나오는 파동

(1)

90° 180° 270° 360°

(2)

〈그림 75〉 안테나(●표)의 간격이 반파장(1)과 1파장 (2)인 경우에, 종이면의
좌우 및 상하 방향으로 전파하는 파동

두 가닥의 반파장 다이폴 안테나로부터 전파가 나가는 상태
는 안테나의 간격에 따라서 크게 변화한다(〈그림 69〉~〈그림 70〉
참조). 이것은 각각의 안테나로부터 복사되는 전파가 서로 간섭

하여, 전파가 강해지는 방향에서는 같은 위상으로써 더해지고, 약해지는 방향에서는 상쇄하기 때문이다.

이들의 관계를 구체적으로 보인 것이 〈그림 75〉이다. ⑴은 안테나 간격이 반파장인 때로, 〈그림 69〉의 ⑵에 대응하고 있다. 각 안테나로부터는 그림의 종이면 안에서는 모든 방향으로 균일한 세기로써 동심원 모양으로 파동이 퍼져간다. 위의 안테나로부터의 파동은 실선으로, 아래의 안테나로부터의 파동은 점선으로 나타냈다. 그림의 가로 방향(좌우 방향)에서는 같은 위상으로, 상하 방향에서는 반대의 위상으로 되어 있는 것을 알 수 있다. 따라서 그림의 좌우로는 강한 파동이 복사되고, 상하 방향으로는 복사되지 않는다는 것은 〈그림 69〉의 ⑵와 같다.

또 그림 중의 각도의 눈금은 오른쪽으로 복사되는 파동의 위상이고, 파장과 위상의 관계는 이를테면 1파장은 360도, 1/2파장은 180도, 1/4파장은 90도에 대응하고 있다. 그림의 상하 방향으로 복사되는 파동의 예시에서는, 실선을 180도 처지게 한 것이 점선이 되기 때문에 실선과 점선은 180도의 위상차가 있다고 한다.

안테나의 간격을 1파장으로 했을 때가 〈그림 75〉의 ⑵에서 〈그림 70〉의 ⑴에 대응하고 있다. 각각의 안테나로부터 파동이 나가는 상태는 〈그림 75〉의 ⑴과 똑같지만, 가로 방향뿐만 아니라 상하 방향에서도 실선과 점선은 같은 위상이 되기 때문에 〈그림 70〉의 ⑴과 같이 그들 방향으로는 강한 전파가 복사되고 있다.

이들의 예에서는 각 안테나로부터는 같은 위상의 파동이 복사되고 있는데, 이 위상이 다른 경우를 생각해 보자. 두 개의

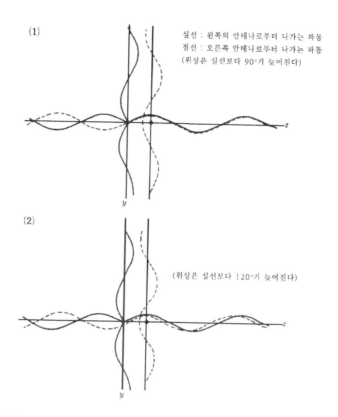

(1)

실선 : 왼쪽의 안테나로부터 나가는 파동
점선 : 오른쪽 안테나로부터 나가는 파동
(위상은 실선보다 90°가 늦어진다)

(2)

(위상은 실선보다 120°가 늦어진다)

〈그림 76〉 안테나(●표)의 간격이 1/4파장에서 각각의 안테나로부터의 전파의
위상이 처져있는 경우에 좌우 및 상하로 전파하는 전파

안테나를 1/4파장의 간격으로 가로 방향으로 배열한 것이 〈그
림 76〉이다. 각 안테나로부터 모든 방향으로 균일한 세기의 파
동이 나가 있는 것은 앞의 그림과 같고, 왼쪽(뒤쪽)의 안테나로
부터의 파동을 실선으로, 오른쪽(앞쪽)의 안테나로부터의 파동을
점선으로써 나타내었다. 앞의 그림과 다른 것은 오른쪽의 안테
나가 복사하는 파동의 위치가 처져 있는 점이다. 왼쪽의 실선

에서는 파동이 안테나로부터 나가는 순간은 0도인데, 오른쪽의 점선의 파동은 (1)에서는 90도, (2)에서는 120도의 위상으로 되어 있다.

이와 같은 복사방식을 「오른쪽 안테나로부터 나가는 파동은 왼쪽 안테나로부터 나가는 파동보다 위상이 90도(1), 또는 120도(2)만큼 뒤지고 있다」고 한다. (1)에서 점선의 파동의 위상이 실선보다 90도가 뒤진다고 하는 의미는, 실선의 파동이 90도까지 진행한 뒤에 같은 90도의 위상을 갖는 점선의 파동이 나가기 때문이다. 점선의 파동이 실선보다 1/4파장만큼 뒤져서 진행하는 파동이라는 것은, 상하 방향으로 복사되는 파동을 비교하면 잘 알 수 있다. 1/4파장이나 위상차 90도 또는 1/4주기 등은, 파동의 같은 상태를 다른 각도에서 보고 있는 것이다. 또 안테나에서 복사되는 파동에 위상차가 있다는 것은 각각의 안테나에 같은 위상차의 전류가 흐르고 있기 때문이다.

## 이득을 최대로 하는 유도전류

그런데, 간격이 1/4 파장인 두 개의 안테나에 90도의 위상차가 있는 전류를 흘려보내면, 〈그림 76〉의 (1)과 같이 오른쪽에서는 같은 위상으로 더해지고, 왼쪽에서는 반대위상으로 서로 상쇄되는 것을 알 수 있다. 통신해야 할 목적 방향으로는 같은 위상의 파동을 복사하고, 반대 방향으로는 전혀 복사하지 않는, 이 90도의 위상차는 가장 안성맞춤이라고 생각할지 모른다.

이것에 반하여 〈그림 76〉의 (2)는 왼쪽의 안테나의 위상을 30도만큼 더 늦추어서 위상차를 120도로 한 경우인데, 앞 방향에서는 같은 위상이 아니고, 뒤쪽에서도 완전히 상쇄되지 않

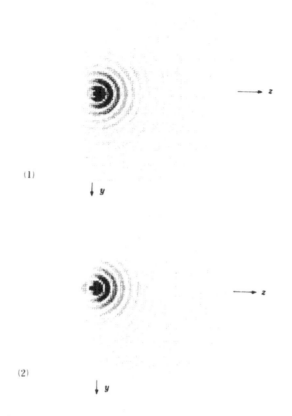

〈그림 77〉 가로 방향으로 1/4파장 간격으로 놓인 안테나로부터 전파가 복사
되는 상태

는다는 것을 알 수 있다. 이것을 ⑴과 비교하면 앞쪽으로의 복
사는 약해지는 동시에 뒤쪽으로도 복사해 버리는 것을 알 수
있다. 그런데 실제로는 ⑵쪽이 이득이 크다. 이것을 퍼스컴 그
래픽으로 나타내어 보겠다(〈그림 77〉 참조).

　뒤쪽으로의 복사는 완전히 상쇄되고, 앞쪽에서는 같은 위상

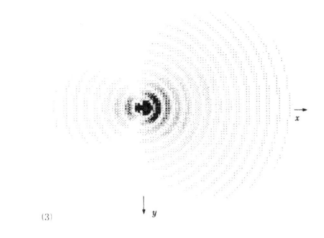

(3)

(1) 오른쪽의 안테나의 위상은 90° 늦어진다(〈그림 76〉(1)에 대응)
(2) 오른쪽의 안테나의 위상은 120° 늦어진다(〈그림 76〉(2)에 대응)
(3) 오른쪽의 안테나의 위상은 150° 늦어진다

이 되는 90도 위상차의 경우를 〈그림 77〉의 (1)에 보였는데,
이것으로부터 뒤쪽(왼쪽)으로의 복사는 없다는 것을 알 수 있다.
〈그림 77〉의 (2)는 위상차를 120도로 했을 때로 근소하게 뒤쪽
으로도 복사되고 있다. 그러나 이것을 (1)과 비교하면 앞쪽으로
복사하는 파동의 빔폭은 약간 좁다는 것을 알 수 있다. 빔폭이
좁아지면 이득이 커진다는 것은 앞 장에서 설명했는데, 〈그림
77〉의 (1)보다는 (2)쪽이 이득이 큰 것이다.

앞에서 말한 안테나의 위상을 더욱 늦추어서 150도로 한 것
이 〈그림 77〉의 (3)이다. 이 경우에는 확실히 앞쪽의 빔폭이 좁
아지지만, 뒤쪽으로의 복사는 무시할 수 없는 크기로 된다. 뒤
쪽으로의 복사를 완전히 억압하면 앞쪽의 빔폭이 확산하여 이

득이 저하하고, 그렇다고 하여 앞쪽의 빔폭을 너무 좁게 하면 뒤쪽으로의 복사가 커져서 이득이 작아진다. 지나침은 미치지 못한 것과 같다는 셈이다. 밸런스가 바로 잡힌 곳에서 이득이 커지는데, 그것이 〈그림 77〉의 ⑵이다. 또 ⑵는 ⑴에 비교하면 앞쪽으로의 복사가 약해지기 때문에 빔폭이 좁아지듯이 보이는데, 지향성을 그려보면 실제로 빔폭은 좁아져 있다.

가로 방향으로 배열된 두 개의 안테나가 있고, 오른쪽으로 가장 잘 전파가 복사하도록 각 안테나에 전류를 흘려보낸 경우를 생각하여 보자. 〈그림 78〉은 두 개의 안테나에 이와 같은 전류가 흘렀을 때, 안테나 근처에서의 전파 에너지의 흐름을 알기 위해 자세히 계산한 결과이며, 전파의 에너지가 공간을 흐르고 있는 상태를 화살표로써 가리켰다.

〈그림 78〉의 ⑴은 안테나의 간격이 0.1파장, ⑵는 0.15파장, ⑶은 0.2파장인데, 어느 것이나 다 각각의 안테나로부터 오른쪽에서의 이득이 최대가 될 만한 관계의 위상의 파동이 복사되고 있다. 안테나의 간격이 0.2파장인 때는 양쪽 안테나로부터 전력이 복사되고 있으나, 간격이 0.1파장이 되면 뒤의 안테나에서는 전력이 나가고 있지만, 앞의 안테나는 공간에서 전력을 흡수하고 있는 것을 알 수 있다. **반대로 이와 같은 조건에서 비로소 이득이 최대로 되는 것**이다.

〈그림 78〉의 ⑵는 그것들의 중간으로서 앞의 안테나는 전력을 복사도 흡수도 하지 않는 상태로, 즉 급전선을 접속하지 않아도 이득은 최대로 되어 있다. 바로 이것이 야기-우다 안테나의 도파기이며, 실제의 도파기도 이 간격(거의 1/8파장)에 놓여 있다. 유도에 의하여 도파기로 흐르는 전류의 위상은 도파기의

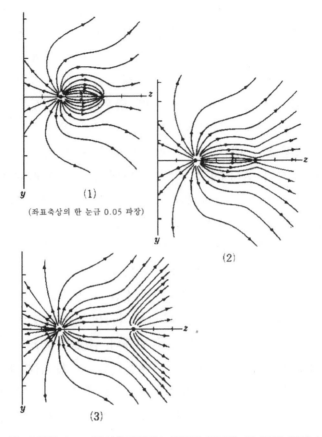

(좌표축상의 한 눈금 0.05 파장)

〈그림 78〉 오른쪽(z 방향)에서의 이득이 최대가 되도록 두 개의 안테나(●표)에
전류를 흘려보낸 경우의 안테나 주위의 전력 흐름. 안테나의 간격
은 0.1파장(1), 0.15파장(2) 및 0.2파장(3). 오른쪽의 안테나는 (1)
에서는 공간에서 전력을 흡수하고, (3)에서는 공간으로 복사하고,
(2)에서는 흡수도 복사도 하지 않고 있다

길이에 크게 의존하기 때문에, 실제의 안테나에서는 도파기의
길이를 반파장보다 약간 짧게 조정하여, 이득이 최대가 될만한

위상의 전류를 흘려보내고 있다.

두 개의 안테나의 간격이 이를테면 1/8파장인 경우는, 위상차가 135°인 때에 뒤쪽으로의 복사는 없어진다. 이 위상차를 165° 정도로 크게 하면 뒤쪽으로의 약한 복사는 있지만, 앞쪽의 빔폭이 좁아지고 이득이 커지는 것은 〈그림 77〉의 경우와 같다. 불필요한 뒤쪽으로의 복사를 완전히 없애기보다는, 어느 정도의 복사를 인정하는 편이 안테나 전체로서의 특성이 좋아진다. 그것은 안테나의 일반적인 성질이다.

좀 비약적인 예이기는 하지만, 사회에서 불필요한 것을 완전히 없애기보다 그 존재를 어느 정도 인정하는 편이 사회 전체의 이익이 되는 것과 비슷하다. 이것은 불필요한 것을 완전히 없애기 위해 치루는 노력이나 희생이 너무 크기 때문인데, 불필요한 것이 너무 많은 것도 전체의 이익이 되지 못하는 것은 명백하다. 무슨 일이든지 밸런스가 중요하다.

불필요한 방향으로의 복사는 3장의 사이드로우브를 말하는 것이다. 안테나를 배열한 어레이 안테나에서는 사이드로우브의 억압은 중요한 문제이지만, 그 전에 어레이 안테나의 일반적인 성질을 알 필요가 있다.

## 4. 고급인 어레이 안테나

### 전파 복사방향의 고속 전환이 가능하다

반사망원경은 전파의 존재가 실증되기 전부터 사용되어 오랜 역사를 지니고 있는데, 반사망원경과 같은 원리의 파라볼라 안테나나 카세그레인 안테나 등의 개구면 안테나는 현재도 자주 이용되는 안테나의 하나이다. 안테나를 동물에 비유하면, 발생이 오래고 지금도 번창하고 있다는 점에서는 동물의 어류와 개구면 안테나를 대응시킬 수 있다.

바다 속에서는 부력이 작용하기 때문에 고래와 같은 대형 동물도 서식할 수가 있다. 한편 개구면 안테나에서는 헬리혜성을 추적한, 일본의 나가노(長野)현 우스다(臼田)의 지름 64m의 카세그레인 안테나와 같은 대형의 것이 많다는 점도 이 둘의 비슷한 점이다.

헤르츠가 전파의 존재를 확인하는 실험에서는 도체선에 전류를 흘려보내 안테나로 삼았다. 이것이 반파장 다이폴 안테나와 같은 「선형 안테나」이다. 개구면 안테나에 이어 오랜 역사를 갖는 선형 안테나는 현재도 자주 사용되고 있으며 말하자면 안테나다운 안테나이다. 이 선형 안테나는 동물로는 조류에 대응시킬 수가 있을 것이다. 바다 속에서 발생한 동물이 뭍으로 올라온 당초에는 파충류였으나, 조류가 됨으로써 비로소 동물다운 동물인 항온동물(恒溫動物)이 되어 환경의 변화에 강하게 되어 갔다. 공중선이라는 말은 선형 안테나에서 기원하는데, 하늘 높이 쳐져 있는 가느다란 선에는 조류를 연상하게 하는 것이 있다.

현재 사용되고 있는 안테나 중에서 가장 새로이 태어난 것이 「어레이 안테나」이며, 동물에 사는 포유류에 대응시킬 수 있다. 포유류는 어류나 조류에 비교하면 뇌가 발달하여 있기 때문에 보다 「고급」이라고 말한다. 어레이 안테나도 개구면 안테나나 선형 안테나에 비교하여 고급이라고 해도 될 것이다.

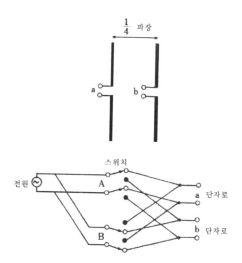

〈그림 79〉 1/4파장 간격으로 배열된 다이폴 안테나(위)과 그 급전회로(아래).
전원으로부터 스위치 A, B까지의 급전선의 길이에는 1/4파장의
차가 있고, 스위치의 화살표는 모두 ○표의 단자 또는 ●표의 단자
에 접속된다(그림에서는 ○표의 단자에 접속되어 있을 때)

「어레이(Array)」라는 말에는 병사가 정렬한다는 의미가 있고,
같은 형상의 안테나가 정연하게 배열된 것이 어레이 안테나이
다. 배열된 개개의 안테나를 「소자(素子) 안테나」 또는 간단히
「소자」라고 하며, 배열하는 간격을 「소자 간격」이라고 부르는
것이 관습이다. 〈그림 68〉의 두 개의 반파장 다이폴은 가장 간
단한 어레이 안테나이다. 〈그림 73〉의 야기-우다 안테나는 모
든 소자가 똑같은 형상이 아니기 때문에 본래의 의미로서의 어
레이 안테나는 아니다. 〈그림 79〉는 반파장 다이폴을 소자로
하는 2소자의 어레이 안테나이며, 소자 간격은 1/4파장이고 각
각의 단자를 a, b로 한다. 그림의 아래쪽에는 소자 안테나의

급전회로를 모형적으로 보여 두었다.

전원에서부터 나간 급전선을 분기하여 각각을 A, B의 단자로 하는데, 전원에서부터 B까지의 급전선의 길이는, 전원에서부터 A까지의 급전선의 길이보다 1/4파장만큼 길게 하여 있다. 따라서 전원에서부터 급전선 위로 진행해 온 전류의 위상은 단자 B에서는 단자 A에서보다 90도만큼 늦어질 것이다. 단자 AB에는 화살표로 가리키는 스위치가 있고, 모든 화살표는 ○표 또는 ●표의 어느 쪽엔가 접속되는 것으로 한다. 그림의 예에서는 화살표는 ○표에 접속되어 있으므로, 오른쪽 끝의 단자 a는 A에, b는 B에 접속되고, 단자 b의 전류위상은 단자 a의 전류보다 90도만큼 늦어질 것이다. 위와 안테나 단자 a, b를 아래쪽 회로의 단자 a, b에 접속하면, 오른쪽의 안테나에서의 전류의 위상은 왼쪽의 안테나보다 90도만큼 늦어지고, 전파는 오른쪽으로 복사된다는 것은 이미 앞에서 설명한 그대로다(〈그림 76〉 참조).

따라서 〈그림 79〉의 경우에는 스위치가 ○표와 같이 접속된 때는 전파는 오른쪽으로 복사되고, 스위치가 ●표에 접속된 때는 회로의 단자 a, b에서의 전류의 위상이 반전하기 때문에 전파는 왼쪽으로 복사된다. 만약에 개구면 안테나에서 이와 같이 빔의 방향을 바꾸고 싶을 때는 안테나를 회전시키지 않으면 안되는데, 스위치로써 전환하면 기계적인 구조가 간단해지는 동시에 고속으로 전환할 수가 있다. 트랜지스터 등을 이용한 전자적인 스위치에서는 더욱 고속으로 된다.

이와 같이 빔의 방향을 전환하는 예로는, 이른바 일본의 탄환 열차라고 불리는 신칸센(新幹線)의 열차전화용 안테나가 있다. 선로 곁에 있는 기지국과 열차 사이에서 통신하는데, 기지국이 있는 앞쪽에서는 열차의 안테나의 빔은 앞 방향을 향하고, 기지국을 통과하면 열차의 뒤쪽으로 빔폭을 돌릴 필요가 있다. 열차 안의 안테나로써 기지국으로부터 오는 전파를 수신하고 있는데, 그 전파가 갑자기 약해지면 기지국을 통과한 것을 의미하기 때문에, 그 순간에 빔을 뒤쪽으로 돌리면 된다. 열차 내의 무선국은 이것을 자동으로 판단할 수 있기 때문에, 주위 상황에 따라 복사빔의 방향을 매우 고속으로 전환하는 안테나는 마치 지능(知能)을 가진 것처럼 보인다. 이것이 어레이 안테나가 개구면 안테나나 선형 안테나에 비교하여 「고급」이 될 수 있는 이유이다.

## 소자 안테나가 증가하면 빔이 좁아진다

이상의 예는 2소자의 경우인데, 소자수를 증가하면 빔폭이 좁은 지향성으로 할 수가 있다. 어레이 안테나를 나타낼 때는 〈그림 80〉과 같이 소자 안테나를 점으로써 표시하는 일이 많다.

소자 안테나로서는 반파장 다이폴 등이 흔히 사용되는데, 작은 안테나이면 어떤 안테나라도 좋기 때문에 점으로써 대표하고 있다. 또 어레이 안테나에서는 그림과 같이 소자 안테나는 같은 간격으로 배열되고, 소자 안테나의 지향성은 모든 방향으로 균일한 무지향성으로서 다루는 것이 보통이다.

〈그림 80〉에서는 6개의 소자가 소자 간격 d로써 배열되어 있다. 어레이 안테나에서는 이 소자 간격이 중요한 의미가 있다. 〈그림 75〉의 예에서 소자 간격이 반파장인 때는 전파가 좌

〈그림 80〉 어레이 안테나의 예(6소자, 소자 간격 d)

우로 복사되고, 1파장이 되면 종이면의 좌우(동서) 이외에 상하 (남북)로도 복사되었다. 소자수가 많아져도 마찬가지이며, 〈그림 81〉에는 소자가 세로 방향으로 배열된 어레이 안테나로부터 전 파가 나가는 상태를 퍼스컴 그래픽으로써 보였다.

소자 간격이 반파장인 경우가 〈그림 81〉의 (1)이다. 2소자인 때와 같으며 전파는 좌우의 양쪽 방향으로 대칭 복사되는데, 한쪽만을 상세히 보여 두었다. 2소자인 때에 비교하면 빔폭이 좁아지는 동시에 사이드로우브가 나타난다. 안테나로부터 떨어 진 위치에서는 개구면 안테나의 경우(그림 51)와 비슷하다.

소자 간격을 3/4파장으로 한 것이 〈그림 81〉의 (2)다. (1)에 비교하면 빔폭은 더욱 좁아지고 사이드로우브의 수가 많아진 다. 빔폭이 좁다는 것은 이득이 크다는 것이므로, 안테나로서는 바람직한 특성이다. 따라서 어레이 안테나를 통신 등에 사용할 때는 소자 간격을 반파장보다 크게 하는데, 너무 크게 하면 (2) 에서부터 알 수 있듯 상하방향으로의 복사가 증가해 간다. 이 때문에 이 방향으로의 복사가 허용 범위까지 간격을 넓히는 것 이 보통이다. 또 실제의 안테나에서는 한쪽으로만 복사되는 전 파를 이용하는 일이 많기 때문에, 소자 안테나의 왼쪽에 반사 판 등을 두어 전파를 오른쪽으로만 복사하는 등의 방법이 취해 지고 있다.

(1)

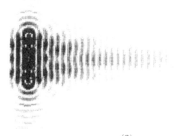

(2)

〈그림 81〉 6소자가 세로 방향으로 배열된 어레이 안테나로부터 전파가 복사
되는 상태. (1) 소자 간격은 반파장, (2) 소자 간격은 3/4파장, 소
자 간격이 큰 (2)에서는 종이면의 상하 방향으로도 복사된다

　야기-우다 안테나에서는, 소자 안테나가 배열된 방향으로 전
파가 복사되는데, 이 방식으로 6소자가 가로 방향으로 배열된
경우를 〈그림 82〉에 보였다. 〈그림 82〉의 ⑴은 〈그림 76〉의
⑴과 마찬가지로 소자 간격이 1/4파장이고, 이웃끼리는 90도의
위상차가 되도록 급전되어 있다. 2소자인 때와 마찬가지로 전
파는 오른쪽으로만 복사되기 때문에, 앞의 예와는 달리 반사판

을 달 필요가 없는 것이 특징이다.

소자 간격을 조금 크게 하여 3/8파장으로 한 것이 ⑵이다. 오른쪽으로 복사되는 전파의 빔폭은 좁아지지만, 왼쪽으로의 복사가 크게 되어 간다. 소자 간격을 크게 하면 불필요한 방향으로의 복사가 증가하게 되는 것은 앞에서의 예와 같다. 이들의 예로부터 알 수 있듯이, 소자 안테나가 배열된 방향으로 전파를 복사할 때는 한 방향만으로 복사할 수 있는데, 소자 간격은 〈그림 81〉과 같이 소자 안테나가 배열된 선에서부터 직각으로 복사할 때의 절반으로 할 필요가 있다.

어레이 안테나에서 복사되는 전파의 방향은, 각 소자 안테나에 급전하는 전류의 위상에 따라서 변화하는데, 대표적인 예로서 소자 안테나가 배열한 방향 및 그것에 직각 방향으로 복사되는 경우를 보였다. 앞에 있는 것을 「엔드파이어(Endfire)」 뒤에 있는 것을 「브로드 사이드(Broadside)」라 말하고 있다. 옛날 해전(海戰)에서는 배끼리 대포를 쏘았는데, 브로드 사이드란 배의 현 쪽(넓은 쪽, Broadside)에 배열된 많은 대포 또는 그것들에 의한 일제사격을 의미하였다. 직선 위에 배열된 소자 안테나가 직각 방향으로 전파를 복사하는 상태가 이것과 닮았기 때문에 브로드 사이드라는 이름이 붙여졌다. 소자 안테나가 배열된 방향의 한쪽으로만 전파를 복사하는 것은 글자 그대로 안테나가 배열된 끝(End)에서부터 발사(Fire)하는 방식이다. 안테나로부터 전파가 나가는 것을 대포의 사격에다 비유한 것이 흥미롭다.

어레이 안테나에서는 소자 안테나에 흐르는 전류의 위상에 따라서 브로드 사이드에서부터 엔드파이어까지 빔의 방향을 바

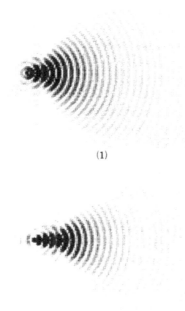

(1)

(2)

〈그림 82〉 소자가 가로 방향으로 배열된 어레이 안테나로부터 전파가 복사되
　　　　　는 상태. ⑴ 소자 간격은 1/4파장, 각 소자로부터의 기여가 오른
　　　　　쪽에서 같은 상(相)이 되도록 인접하는 소자의 위상차는 90°,
　　　　　⑵ 소자 간격은 3/8파장, 각 소자로부터의 기여가 오른쪽에서 같
　　　　　은 상(相)이 되도록 인접하는 소자의 위상차는 135°, 소자 간격이
　　　　　커지는 ⑵에서는 뒤쪽(왼쪽)으로도 복사된다


꿀 수가 있다. 이것이 어레이 안테나를 최신식의 레이더 등에
이용하는 이유이다. 다만 레이더 안테나에서는 지향성인 사이
드로우브가 텔레비전의 고스트와 같이 허상(虛像)의 원인으로
되기 때문에, 사이드로우브를 작게 하는 것이 매우 중요하게 된

다.

# 5. 저(低) 사이드로우브 안테나

## 잡음과 고스트 퇴치

안테나의 이득은 안테나의 특성을 나타내는 중요한 양이다. 여기에 이득으로서 10배의 차가 있는(이를테면 이득이 5와 50인) 두 개의 안테나가 있다고 하면, 이들 안테나에 같은 전력을 급전하였을 때, 목적 방향으로의 복사전력에는 10배의 차가 있다는 것을 의미하고 있다. 이것은 안테나를 송신에 사용한 경우이지만, 수신 안테나로서도 똑같은 차가 있다는 것은 「상반정리(相反定理)」라고 불리는 정리로써 증명되어 있다. 이를테면 이 두 개의 안테나를 텔레비전 방송의 수신 안테나로 이용하면, 공간을 전파하고 있는 텔레비전의 전파로부터 안테나로 들어오는 전력에는 10배의 차가 나타나게 된다.

텔레비전의 화면 전체에 작고 흰 점점이 나타나는 일이 있다. 이것은 텔레비전 신호의 전력에 대해 잡음의 전력이 무시할 수 없을 만큼 커지기 때문이다. 이득이 10배가 큰 안테나를 사용하면 텔레비전의 신호전력이 10배가 커지기 때문에, 이 흰 점들은 없어지고 깨끗한 화면이 되는 것이다.

텔레비전의 화면을 더럽게 만드는 또 하나의 원인에는 화면이 균일하게 처져서 그림자처럼 되는 고스트가 있다. 이 고스트는 도시 내의 텔레비전 수신의 장애가 되는 일이 많고, 이득

〈그림 83〉 텔레비전 방송에서 송신 안테나로부터 수신 안테나까지의 전파.
빌딩으로부터의 반사파가 뒤져서 도달하면 고스트가 나온다

이 큰 안테나를 사용해도 지울 수가 없다. 〈그림 83〉은 텔레비전 방송의 송신 안테나와 수신 안테나 사이를 전파가 전파하는 경로를 보인 것으로, 송신 안테나로부터 수신 안테나까지 직접 오는 파동과 빌딩에서 반사되어 도달하는 파동을 나타내고 있다. 빌딩으로부터의 반사파 쪽이 전파 거리가 크기 때문에, 수신 안테나까지의 도달 시간에 차이가 생긴다. 이를테면 반사파의 경로가 직접파의 경로보다 300m가 길다고 하면 전파의 속도는 초속 30만 킬로미터이기 때문에, 직접파와 반사파의 도달 시간에는 1마이크로초의 차가 생긴다.

텔레비전의 화면은 위에서부터 아래까지 525개의 가로 방향의 선(주사선이라고 한다)으로써 보내어지고, 1초 사이에 30장의 화면이 전송되고 있다. 따라서 1초간에는 30배인 주사선 15,750개가 보내지기 때문에, 주사선 1개를 보내는 시간은 이것의 역수로서 약 63마이크로 30초가 된다. 텔레비전 화면의 가로 폭을 30㎝라고 하면 63마이크로초에서 30㎝를 주사하므

로, 전파의 도달 시간인 1마이크로초의 차는 화면 위에서 약 5㎜의 차가 된다. 즉 수신 안테나에 1마이크로초만큼 늦게 들어오는 전파의 상은 5㎜를 떨어진 고스트로서 나타나게 되는 것이다.

빌딩으로부터의 반사파를 수신하지 않으면 고스트는 없어진다. 그러려면 반사파가 들어오는 방향은 수신 안테나에는 이른바 불필요한 방향이기 때문에, 불필요한 방향으로의 복사를 억압한 안테나, 즉 사이드로우브가 작은 안테나를 사용하면 된다. 안테나를 송신에 사용하였을 때에 복사하는 전파의 지향성과, 같은 안테나를 수신에 사용하였을 때의 방향에 대한 수신감도를 나타내는 지향성이 같아진다는 것은 상반정리로서 증명되어 있기 때문이다.

텔레비전 화면의 고스트는 그림이 보이지 않게 될 뿐이라면 참으면 되지만, 고스트가 있으면 본래의 목적을 하지 못하게 되는 것이 레이더이다. 안테나에서부터 가느다란 빔의 전파를 아주 짧은 시간의 펄스로 복사하여, 비행기 등으로부터의 반사파의 시간 지연으로부터 반사물의 방향과 위치를 알아내는 방식이 레이더이다. 〈그림 84〉는 레이더의 안테나가 복사하는 전파의 지향성을 사이드로우브와 함께 보였다. 이 안테나를 회전했을 때에, 비행기로부터의 반사파를 브라운관 위에 안테나의 회전 각도를 가로축으로 하여 보인 것이 원 안의 그림이다. 안테나의 주빔이 비행기의 방향을 향했을 때 반사파가 가장 세기 때문에, 브라운관 위에는 커다란 점이 되어서 나타날 것이다.

그런데 그림과 같이 주빔 이외에 커다란 사이드로우브가 있으면, 사이드로우브가 비행기의 방향을 향하였을 때도 반사파

비행기

지향성
안테나

브라운관

〈그림 84〉 레이더의 안테나를 회전했을 때 브라운관에 비치는 비행기의 상

가 있어 브라운관 위에는 그림과 같은 고스트가 나타난다. 만약 사이드로우브가 없으면 브라운관 위에는 한 점이 될 것이다. 날고 있는 비행기가 한 대일 때는 점의 중심 방향에 비행기가 있다는 것을 상상할 수 있지만, 비행기의 수가 증가하면 비행기의 방향과 화면 위의 점과의 관계를 알 수 없게 되어 버린다.

이 때문에 레이더 안테나에서는 사이드로우브를 작게 하는 것은 설계상의 중요한 과제이다. 특히 지상에 닿을 만큼 나지

막이 항행하는 비행기는 레이더로는 식별하기 어렵기 때문에, 이런 식별 등을 목적으로 하는 사이드로우브가 매우 작은 초저(超低) 사이드로우브 안테나의 개발이 현재의 중요한 연구 테마의 하나로 되어 있다.

### 방해가 되는 사이드로우브

안테나의 지향성은 〈그림 55〉나 〈그림 57〉과 같이 둥근 좌표로써 나타내면 주빔이나 사이드로우브의 방향은 실제로 전파가 나가는 방향을 나타내기 때문에 알기 쉬우나, 작은 사이드로우브는 식별하기 어렵다. 이 때문에 사이드로우브의 크기 등을 문제로 할 때는 〈그림 85〉와 같이 각도를 가로축으로 하여 나타내는 것이 보통이다. 이 예에서는 8개의 소자 안테나를 반파장 간격으로 배열하였을 때의 지향성이 ⑴이고, 그림의 오른쪽 위에 있는 8개의 선은 각 소자 안테나의 여진(勵振)의 세기, 즉 소자 안테나에 흐르는 전류의 상대적인 크기를 나타내고 있다.

각 소자 안테나가 같은 진폭으로 여진되고 있을 때의 사이드로우브의 크기는 주빔의 크기를 1이라고 하면, 소자 수에 관계없이 약 0.22가 되는 성질을 가지고 있다. 그림과 같이 사이드로우브는 번갈아 플러스, 마이너스의 값을 가지며, 가장 큰 사이드로우브는 주빔의 이웃에 나타나서 마이너스의 값을 갖는 것이 보통이다.

〈그림 81〉로부터 알 수 있듯이, 전파는 먼 곳에서는 사이드로우브도 포함하여 안테나를 중심으로 하는 동심구 모양이 되어 진행하고 있다. 그러나 주빔과 사이드로우브의 '틈새'에 주목하면, 주빔과 사이드로우브에서는 동심구가 되는 밀도의 파동이 안테나로부터 떨어져 나감에 따라 1개만이 처지게 된다.

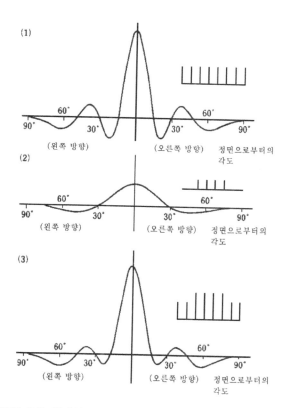

〈그림 85〉 어레이 안테나의 지향성(소자 간격은 반파장)
  ⑴ 8소자에서 등진폭 여진
  ⑵ 4소자에서 등진폭 여진(진폭은 ⑴의 1/2)
  ⑶ ⑴과⑵의 합의 지향성

전파에는 플러스, 마이너스의 세기가 있기 때문에, 밀도의 2개
로써 1파장이 되므로, 주범과 사이드로우브는 반파장만큼 처지
게 된다. 이것은 주빔을 플러스로 하면 이웃의 사이드로우브는
마이너스가 된다는 것을 의미하고, 이와 같은 현상은 인접하는
두 개의 사이드로우브 사이에서도 같기 때문에, 지향성은 변갈

아 가며 플러스, 마이너스로 되는 것이다.

실제의 레이더에서 고스트를 없애기 위해서는 사이드로우브의 크기를 0.03 이하로 하는 것이 바람직하다고 한다. 그러나 실용되고 있는 것은 0.05~0.07 정도의 범위에 있고, 0.1보다 큰 것은 매우 바람직하지 못하다고 되어 있다. 「초저 사이드로우브 안테나」라는 것은, 사이드로우브의 크기를 약 0.01 이하로 한 안테나를 가리키고 있다.

그렇다면 사이드로우브를 작게 하려면 어떻게 하면 될까?

## 사이드로우브를 없애는 방법

4개의 안테나를 같은 반파장 간격으로 배열했을 때의 지향성이 〈그림 85〉의 (2)다. 다만 각 소자의 여진진폭은 위 그림인 (1)의 절반으로 하고 소자수도 절반이므로 주빔의 크기를 (1)의 1/4로 하여 보였다. (1)과 (2)의 합이 (3)이고, 각 소자의 여진의 세기도, 그림의 오른쪽 위에 보인 것과 같이 (1)과 (2)의 합으로 되어 있다. 다만 주빔의 크기는 비교하기 쉽도록 (1)과 같이하여 나타내었다. 그림의 (3)의 사이드로우브는 (1)에 비교하면 명확하게 작아져 있으나 그래도 0.14 정도의 크기이다.

어레이 안테나의 사이드로우브를 작게 하는 데는, 이처럼 소자수가 적은 안테나의 지향성을 합하면 된다. 이것은 〈그림 85〉의 (1)에서부터 알 수 있듯이, 큰 사이드로우브는 주빔 가까이에 있고, (2)의 더해지는 지향성의 주빔은 이들의 큰 사이드로우브를 없애듯이 작용하기 때문이다.

소자수가 적은 어레이 안테나의 지향성을 합하는 조작을 정밀하게 하여 사이드로우브를 작게 한 것이 〈그림 86〉의 (1)이며, 모든 사이드로우브의 크기가 0.03이 되도록 설계되어 있다. 또 사이드로우브를 작게 하여 극한으로 해서 제로로 한 것

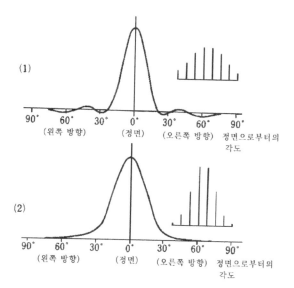

〈그림 86〉 8소자 어레이 안테나의 지향성(소자 간격은 반파장)
(1) 사이드로우브의 크기는 0.03
(2) 극한으로서 사이드로우브의 크기를 제로로 한 지향성

이 (2)이다.

여기서 든 세 종류의 지향성[〈그림 85〉의 (1) 및 〈그림 86〉의 (1)과 (2)]은 전형적인 지향성이다. 첫 번째의 지향성인 〈그림 85〉의 (1)은 각 소자를 같은 진폭으로서 여진한 경우에서 이득이 최대가 되는 지향성이다. 개구면 안테나에서는 조도분포가 균일한 때 이득이 최대가 된다는 것을 설명하였으나('3-5. 이득을 크게 하는 방법' 후반부 참조), 어레이 안테나에서도 똑같은 것을 말할 수 있다. 또 안테나는 사이드로우브를 작게 하면, 〈그

림 85〉의 ⑴과 ⑶을 비교하면 알 수 있듯이 반드시 빔폭은 확산하는 성질을 갖고 있다.

레이더에서는 사이드로우브를 작게 하는 것이 지상명령이지만 빔폭이 넓으면 상이 흐릿해지기 때문에 빔폭은 좁은 쪽이 바람직하다. 두 번째의 지향성인 〈그림 86〉의 ⑴은 사이드로우브를 작게 했을 때에 빔폭의 확산이 최소가 되는 지향성으로서 유명하다. 빔폭이 확산하는 희생을 최소로 저지시킨 것은 간단하게 설명하기는 어렵지만 모든 사이드로우브를 같은 크기로 억압했기 때문이다.

세 번째의 지향성인 〈그림 86〉의 ⑵는 사이드로우브를 제로로 한 지향성으로서, 빔폭이 확산하는 희생이 너무 크기 때문에 이용되지 않는 지향성이다. 이 예와 같이 소자수가 적은 경우는, 빔폭의 확산은 그다지 눈에 띄지 않지만, 소자수가 많아지면 ⑴과 ⑵의 지향성인 빔폭에는 큰 차이가 나타난다. 지나침은 미치지 못함과 같은 것이다. 각 소자의 여진 세기를 같게 하면 이득은 최대가 된다. 다만 이득이 최대인 지향성은 사이드로우브가 크기 때문에, 이것을 작게 하고 싶을 때는 모든 사이드로우브를 같은 크기로 억압하는 편이 빔폭이 확산하는 희생은 최소로 된다. 사이드로우브를 지나치게 작게 하면 빔폭이 확산하는 희생이 커지게 된다는 것 등이 이상의 결론이며, 생각해 보면 단순한 「결론」이기도 하다.

개구면 안테나에서는 반사경을 조사하는 혼 안테나의 성질에서부터 조도분포에는 처음부터 테이퍼가 붙어 있다(그림 67). 이 때문에 조도분포를 균일하게 하여 이득을 높이는 연구가 이루어지고 있다. 이것에 대해 어레이 안테나에서는 각 소자에 흐르는 전류는 자유로이 제어할 수 있기 때문에, 테이퍼를 붙여서 사이드로우브를 억압하는 것이 문제로 되어 있다.

다만 초저 사이드로우브 안테나와 같이 사이드로우브가 아주 작은 안테나는 이론적으로는 설계할 수 있지만, 반파장 다이폴 안테나 등에서는 근소한 제작 오차로써 안테나에 흐르는 전류가 변화해 버려 설계대로의 지향성을 얻는 것이 어렵다. 그 때문에 완전히 컴퓨터에 의한 설계가 가능한 새로운 안테나의 형식 등이 연구의 대상으로 되어 있다.

# 5장
# 첨단기술 시대의 안테나

여러 가지 안테나5
천체관측용 지름 64m 안테나(일본 우스다)

# 1. 전자주사 안테나

## 레이더의 탐지 한계를 높이다

과학기술의 진보에는 군사(軍事)연구가 어떤 역할을 수행한다는 것을 선배에게서 배운 경험이 있다. 대학원을 마친지 얼마 안 될 무렵, 안테나의 이득을 0.5dB 크게 할 수 있는 설계법에 관하여 연구를 발표한 적이 있다. 0.5dB은 약 1.1배이므로 이득이 10% 커진다는 것을 의미하고 있다. 통상의 무선통신에서는 안전을 감안하여 안테나의 이득은 필요한 값의 수배로 크게 설계된 것이 보통이기 때문에, 10% 정도의 증가로는 거의 의미가 없지만, 군사용 안테나에서는 사정이 달라진다고 한다.

레이더 안테나는 전파를 복사하면 동시에 그 전파의 비행기나 배에 의한 약한 반사파를 수신하지 않으면 안 된다. 이것을 위해서는 반사파는 주위의 잡음보다 강해야 할 필요가 있고, 반사파를 강하게 하는 데는 송신 전력 또는 안테나의 이득을 크게 하면 된다. 이런 까닭으로 레이더의 탐지거리는 간단한 계산에서부터 송신 전력의 네제곱근과 안테나 이득의 제곱근에 비례한다는 것이 알려져 있다.

앞의 안테나의 예에서는 이득이 10%가 크기 때문에, 탐지거리는 약 5%가 길다는 것이 된다. 이를테면 레이더의 탐지거리가 100㎞라고 하면, 이득이 0.5dB이 큰 안테나를 사용하면 탐지거리는 105㎞가 된다. 레이더를 대향(對向)시켜 적과 접근하는 것과 같은 기회에 부닥쳤을 때, 만약 적이 이득이 0.5dB이 큰 안테나를 사용하고 있었다고 하면, 적과의 거리가 100㎞와 105㎞인 사이에서는, 이쪽은 아무 동정도 포착하지 못하는 동안에 적은 이 쪽의 존재를 알아채는 것이 된다. 이것이 치명적인 결과를 가져온다는 것은 명백하다.

한계에 도전한다는 것은 단순히 특성을 개선하는 이상으로 전혀 새로운 방식을 생각해 내는 바탕이 되는 일이다. 그것이 군사연구가 과학기술의 진보에 도움이 되는 이유이다. 현재는 두께 1㎜ 이하의 전자계산기나 시계의 개발에서 볼 수 있듯이, 상용(常用) 연구도 「한계」에 도전하는 일이 많다.

레이더의 탐지거리라는 한계에 도전한 결과 생겨난 것이 전자주사 어레이 안테나이다. 〈그림 87〉의 위는 파라볼라 안테나로 혼 안테나에서 전파가 나와 반사된 모양을 화살표로 표시하고 있다. 이것을 고성능의 레이더 안테나로 하기 위해서는 우선 이득을 크게 해야 한다. 사이드로우브를 작게 하는 것도 필요가 있지만 이득을 크게 하려면 개구면이 큰 대형 안테나로 된다. 그렇지만 통신과 다른 레이더에서는 안테나를 비교적 빠른 속도로 회전해야 하므로 대형으로 하는 것도 한계는 있다.

그래서 생각한 것이 송신 전력을 증강하는 일이다. 2차 세계대전 후는 고성능 레이더용 진공관이 개발되어 있었기 때문에, 진공관을 몇 개만 쓰면 전력은 얼마든지 크게 할 수 있었다. 그리고 다음에 나타난 한계는 절연파괴이었다. 이를테면 〈그림 21〉에 보인 콘덴서의 단자 AB에 가하는 전압을 크게 하여 가면, 상하의 도체판 사이에 번개와 같은 불꽃이 튀어 단락(쇼트)되는 것이 절연파괴이다. 상하의 도체판은 공기나 유전체 등으로써 절연되어 있는데, 이것이 파괴되어 버리기 때문에 이런 이름이 붙여졌다. 파라볼라 안테나에서는 복사전력을 크게 하며 가면 초점에 있는 혼 안테나의 내부에서의 전력밀도가 커지

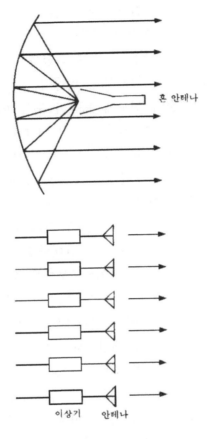

혼 안테나

이상기    안테나

〈그림 87〉 파라볼라 안테나(위)와 그 한계를 넘어서기 위해 고안된 패이즈드
         어레이(아래)

고, 번개와 같은 불꽃이 발생하는 것이다.

　이런 문제들을 해결하기 위해 결론으로서 도달한 것이 〈그림
87〉아래의 어레이 안테나이며, 각 소자 안테나와 전원 사이에
는 뒤에서 설명하는 「이상기(移相器, Phase Shifter)」라 불리는

것이 접속되어 있다. 이상기는 거기를 통과하는 전류나 전압의 위상을 전자적으로 고속으로 바꾸는 기능이 있다다. 소자 안테나는 파라볼라 안테나와 같이 회전하는 일이 없고, 기계적으로 고정되어 있는데 이 이상기에 의하여 소자 안테나로 급전하는 위상을 바꾸어 복사빔을 주사(走査)하는 방식이다.

## 위상을 바꾸어 빔의 방향을 바꾼다

이 안테나를 「전자주사 안테나」 또는 어레이 안테나 소자의 위상(Phase)을 바꾸어 주사하기 때문에 「Phased Array」라고 한다. 종래의 개구면 안테나에 비교하면 안테나가 고정되어 있기 때문에, 원리적으로는 얼마든지 크게 할 수가 있다. 또 각 소자 안테나가 담당하는 전력은 작아도 되고, 파라볼라 안테나의 초점과 같은 전력이 집중하는 곳이 없기 때문에 절연파과의 걱정이 없으므로 송신 전력은 얼마든지 크게 할 가능성을 지니고 있다.

각 소자 안테나의 급전위상을 바꾸면, 복사전파의 상태가 어떻게 변화하는가를 퍼스컴 그래픽으로써 조사하여 보자(그림 88). 여기서는 사이드로우브가 작은 안테나로서 지향성을 〈그림 86〉의 (1)에 보인 8소자의 어레이 안테나를 들었다. 〈그림 88〉의 (1)은 반파장 간격으로 배열된 소자를 같은 위상으로 여진하였을 때로, 종래와 같은 소자 안테나가 배열한 방향과 직각으로 복사하는 브로드 사이드인데, 〈그림 81〉과 비교하면 사이드로우브는 알 수 없을 만큼 작아져 있다. 또 실제로 이용하는 소자 안테나의 지향성은 한 방향성인 경우가 많으므로, 여기서는 소자 안테나는 하트형 지향성(〈그림 17〉 참조)을 갖는 것으로

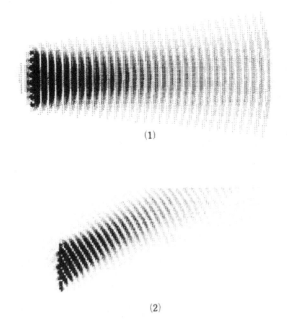

(1)

(2)

〈그림 88〉 8소자가 세로 방향으로 배열된 어레이 안테나로부터 전파가 복사
되는 상태. 소자 간격은 반파장으로, 각 소자의 여진 진폭은 〈그림
86〉의 (1)에 보인 값을 사용했다.
(1) 빔이 안테나의 정면 방향을 향하는 경우
(2) 빔이 안테나의 정면보다 30° 위쪽 방향을 향하는 경우

하여 계산했다. 〈그림 88〉의 (2)는 빔을 정면으로부터 30도로
주사하도록 소자 안테나에 흐르는 전류의 위상(급전위상)을 바꾼
경우이다.
　빔의 방향과 급전위상의 관계를 설명한 것이 〈그림 89〉이다.
위의 그림은 안테나의 정면(가로 방향)으로 복사빔이 향하는 때
로 인접하는 소자로부터는 같은 위상의 파동이 나가고 있다.

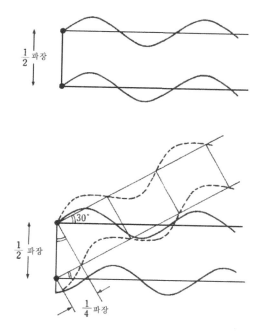

〈그림 89〉 인접하는 소자에 급전하는 전류와 빔의 방향

    (상) 동상(同相) 급전으로 빔은 오른쪽을 향한다

    (하) 아래쪽 소자의 급전위상은 위에서 든 보기의 소자보다 90° 진행
        하고, 전파는 오른쪽으로부터 30° 위로 강하게 복사된다(점선). 오
        른쪽에서는 같은 상(相)으로 가해지지 않기 때문에(실선), 파동의
        진폭은 30° 위쪽보다 작아진다

아래 그림은 복사빔이 정면으로부터 30도 위쪽으로 기울였을
경우이다. 점선으로써 가리키듯이 이 방향에서 파동이 같은 위
상으로 가해지기 위해서는 아래쪽 소자는 1/4파장에 해당하는
위상인 90도만큼 진행하면 된다. 이 경우에는 실선으로써 가리
키는 가로 방향으로의 파동은 같은 위상으로는 가해지지 않기

〈그림 90〉 8소자가 세로 방향으로 배열된 어레이 안테나로부터 전파가 복사
되는 상태. 소자 간격은 5/8파장이며 빔은 안테나의 정면(오른쪽)보
다 30° 위쪽 방향을 향할 경우, 소자 간격이 커지면 아래쪽으로도
복사된다

때문에, 가로 방향으로의 복사는 약해진다. 8소자의 경우에는
각 소자의 위상은 위에서부터 차례로 0도, 90도, 180도, 270
도 … 630도로 되고, 아래쪽 소자일수록 위상을 진행해 놓고
있다.

지금까지의 예는 소자 간격이 반파장인데, 이것을 근소하게
크게 하여 5/8파장으로 하여 같은 30도만큼 위쪽 방향으로 빔
을 돌린 것이 〈그림 90〉이다. 지금까지는 없었던 바람직하지
못한 로우브가 아래쪽에 나타나 있다. 소자 간격을 크게 하면
빔폭이 좁아지는 대신 불필요한 방향으로의 복사가 생긴다는
것은 지금까지 여러 번 지적하였는데, 페이즈드 어레이에서는
소자 간격을 반파장보다 근소하게 크게 하는 것만으로 불필요
한 방향으로의 복사가 발생한다. 그림의 경우에는 소자 간격을
5/8파장으로 하면, 안테나의 정면으로부터 30도 방향까지의 주

사는 불가능하다는 것을 가리키고 있다.

페이즈드 어레이의 주사범위를 넓은 각도로 하려 할 경우에
는, 소자 간격을 작게 하는 것이 중요하다. 소자 안테나를 평면
모양으로 배열할 경우에는, 한 소자당 허용되는 면적은 반파장
의 제곱 이하이며, 이것은 페이즈드 어레이를 제작하는 과정에
서 큰 제약이 되었었다고 한다. 이를테면 주파수 10GHz에서는
이 면적은 2.25㎠가 된다.

### 꿈의 레이더

페이즈드 어레이의 관건이 되는 부분은 이상기(移相器)이다.
페이즈드 어레이의 개발 역사는 저손실, 고속이면서 소형인 이
상기를 개발하는 역사이기도 하였다. 여러 가지 시행착오의 결
과, 현재까지 살아남은 것은 디지털식 이상기로서 원리적으로
는 〈그림 91〉과 같은 것이다. 그림 중의 선은 급전선의 길이를
나타내고, 급전선이 길면 그만큼 왼쪽에서부터 오른쪽으로 통
과하는 전류의 위상이 늦어지는 것을 의미하고 있다.

스위치를 아래쪽에서부터 위쪽으로 전환했을 때의 위상이 뒤
지는 양은 왼쪽 끝의 스위치에서부터 차례로 1, 2, 4, 8의 비
율로 되어 있다. 구체적으로는 그림의 예에서는 선로의 길이는
22.5도, 45도, 90도, 180도의 위상이 된다. 모든 스위치가 아
래쪽인 때를 기준위상의 0도라고 하고, 왼쪽 끝의 스위치만이
위쪽이라면 22.5도의 위상이 되고, 모든 스위치가 위쪽이라면
337.5도가 된다. 이와 같이 스위치의 조합으로써 0도에서부터
360도(0도와 같다)까지 22.5도의 간격으로 위상을 바꿀 수가
있다.

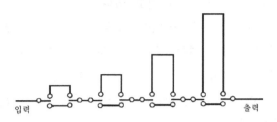

입력　　　　　　　　　　　　　　　　　　　　출력

〈그림 91〉 비트 이상기

이 예에 보인 스위치는 4벌이 있기 때문에 4비트(Bit) 이상기
라고 불리며, 보통은 이 4비트이상기가 사용되는 일이 많다. 3
비트이상기에서는 위상이 45도의 간격으로 되기 때문에 너무
크고, 5비트가 되면 위상이 11.25도의 간격으로 바람직하지만,
스위치가 많아지면 그만큼 구조나 제어 메커니즘이 복잡하게
되어 손실이 증가하는 일이 있기 때문이다. 이처럼 전적으로
디지털이상기가 사용되고 있는 것은 빔 방향을 컴퓨터로 제어
하기가 편리하기 때문이다.

페이즈드 어레이 개발의 첫 번째 동기는, 레이더의 탐지거리
를 증가시키는 데 있었는데, 그 밖에도 큰 목적이 있었다. 그것
은 「3차원 레이더」라고 하여 비행기 등의 방위각, 거리 외에
고도를 알 수 있는 레이더가 가능하기 때문이다. 보통의 레이
더 안테나가 복사하는 전파는 「팬빔(Fan Beam)」이라 하여, 세
로로 세운 부채(Fan)의 형상을 하고 있다(〈그림 92〉의 왼쪽 참
조). 이 안테나를 수평으로 회전시키면서 반사파를 수신하면,
안테나의 방위각에서부터 비행기의 방위각이, 반사파의 시간
지연에서부터 비행기까지의 거리를 알 수 있어, 방위각과 거리
의 두 가지를 아는 「2차원 레이더」가 된다.

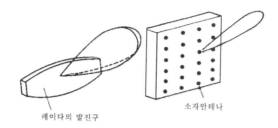

레이다의 발진구　소자안테나

〈그림 92〉 타원의 개구면으로부터 팬 빔을 복사하는 통상의 레이더 안테나
(좌)와 평면 모양으로 배열된 어레이 안테나로부터 펜슬 빔을 복사
하는 3차원 레이더(우)

　이것에 대해 페이즈드 어레이에서는 「펜슬 빔(Pencil Beam)」
이라고 일컬어지는 연필 같은 형상을 한 빔을 복사한다(〈그림
92〉의 오른쪽 참조). 안테나를 고정한 채로 이 빔을 상하좌우로
주사하기 때문에, 비행기의 방위각과 거리 말고도 고도를 알
수 있다. 보통의 레이더에서 3차원의 정보를 얻기 위해서는,
펜슬 빔을 복사하는 안테나를 상하로 목 흔들기 작업을 하면서
수평으로 회전시키지 않으면 안 되기 때문에 기계적으로는 불가
능하다.
　페이즈드 어레이의 이상기가 디지털인 것은, 복사빔의 방향
도 디지털로써 나타내어지기 때문에 컴퓨터에 의해 복사 빔의
방향을 제어하기가 쉽다. 더구나 비행기 등의 3차원의 위치를
알게 된다는 것은, 그것들을 완전히 추적할 수 있다는 것을 의
미하고 있다. 또 지극히 고속으로 빔의 방향을 전환할 수 있기
때문에 동시에 많은 비행기를 추적할 수 있다. 이와 같은 페이
즈드 어레이는 군사용뿐만 아니라 항공관제 등에도 편리하다.
　페이즈드 어레이는 미래의 레이더 또는 꿈의 레이더로 불리

고 있다. 〈사진 93〉의 ⑴은 오른쪽 끝에 있는 반파장 다이폴의 소자 안테나와 그 급전회로의 예이다.

이 상자 속에는 트랜지스터에 의한 송신을 위한 전력증폭기 및 약한 전파를 수신하기 위한 저잡음 증폭기, 이상기 등이 들어 있고 완전히 고체화되어 있다. 보통의 레이더에서는 진공관으로 마이크로파를 발신시키고 있는데, 트랜지스터와 같이 고체로 하면 신뢰성이나 내구성이 매우 좋아진다. 〈사진 93〉의 ⑵는 다른 예로서, 오른쪽 끝의 안테나는 반파장 다이폴 대신 뒤에서 설명하는 마이크로 스트립 안테나(Micro Strip Antenna)를 사용하고 있는데, 상자 속에 각종 기능을 지닌 기기가 수용된 것은 ⑴과 같다. 이 길쭉한 상자의 직사각형의 단면은 한 변의 길이가 반파장 이하이며, 거의 반파장 간격으로써 배열할 수 있게 되어 있다.

페이즈드 어레이가 레이더로서의 「미래의」라든가 「꿈의」 것이라고 일컬어지는 것은 실용화되기 어렵다는 것을 의미하고 있다. 그것은 비싸기 때문이다. 〈사진 93〉에 보인 소자 안테나가 한 개에 100만 엔이라고 하면, 보통의 안테나의 크기로 하여 평면 모양으로 100×100의 1만 소자를 배열하면, 소자 안테나만으로도 100억 엔이 된다. 보통의 레이더는 고급이라도 1억 엔 정도이므로 굉장히 비싸다. 코스트 중에서는 이상기와 그 제어시스템이 차지하는 비율이 높다고 하는데, 생산기술이 진보하면 값이 싸지는 것은 역사가 가리키므로, 고체화 레이더가 주가 되는 시대가 올지도 모른다. 또 현재 최첨단의 실용 3차원 레이더로서 활약하고 있는 페이즈드 어레이는 진공관식으로서, 앙각(仰角)은 이상기로써 고속으로 주사하지만, 수평 방향

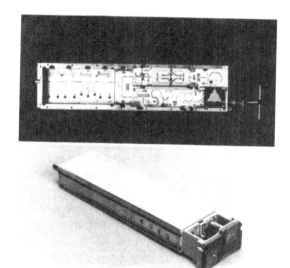

〈사진 93〉 고체화 레이더의 소자 안테나와 급전회로
⑴ 도시바 제공, ⑵ 미쓰비시 전기 제공

의 주사는 종래와 같이 안테나를 회전시키고 있다. 이렇게 하면 값이 비싼 이상기는 100개 정도로 되기 때문이다.

# 2. 멀티 빔 안테나

## 주파수와 위성궤도의 이용 확대

주파수는 인류에게 주어진 귀중한 자원이며 그 가치는 토지에 비유되는 일이 많다. 이를테면 텔레비전 방송의 제1채널은 주파수 90~96MHz인데, 이 주파수는 1텔레비전 방송국이 독차지하고 있기 때문에 다른 사람의 사용이 허가되지 않을 뿐더

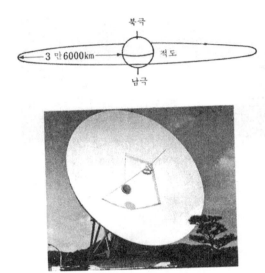

〈그림 94〉 지구, 정지위성궤도와 수신용 카세그레인 안테나(사진: KDD 제공)

러, 사용하려고 해도 혼신 때문에 무리이다. 식량이나 석유도 귀중한 자원이지만, 이것들과는 달리 생산을 할 수 없는 것이 주파수와 토지가 닮은 점이다.

최근에 와서 전파와 관계되는 또 하나의 귀중한 자원이 탄생하였다. 적도 상공 36,000㎞에 있는 한 가닥의 원주(圓周)이다 (〈그림 94〉 참조). 지구의 상공을 회전하는 인공위성은 지구에 가까우면 빠르게, 멀면 천천히 돌아가는 성질을 가졌는데, 지상 36,000㎞에 있는 위성은 지구의 자전 속도와 같아지고, 적도 상공을 돌면 지구에서 보아 정지하여 있듯이 보인다. 외국과의 텔레비전 중계 등에 이용되고 있는 「정지위성」은 이 궤도를 돌고 있다.

미국은 국토가 넓다는 점도 있고 하여 위성 통신의 이용이

활발한데, 정지위성은 〈그림 94〉의 궤도 위에 4도 간격에서부터, 최근에는 2도 간격으로써 발사되게 계획되고 있다. 2도 간격이라도 합계 180개이며, 전 세계에서 이것을 나누어 가져야 하므로 사태는 중대하다. 적도 위의 나라가 상공에 있는 정지위성궤도의 영유권을 주장하는 이유도 모르는 바는 아니다.

이와 같은 문제를 해결하는 것이 기술의 진보이다. 전자기기나 안테나의 특성이 좋아지면 이것들의 이용방법에 따라서 한정된 주파수를 더 많은 목적에 이용할 수 있게 된다. 정지위성궤도에 대하여는 어떠할까? 이 원주의 반지름은 42,000㎞이므로, 원주의 길이는 265,000㎞가 되어, 거의 빛이 1초 동안에 진행하는 거리와 같다. 만약 이 궤도에 위성을 1도 간격으로 360개를 발사했다고 하면, 인접하는 위성의 간격은 740㎞로 되어 상당히 떨어져 있다. 0.1도 간격으로서도 74㎞이며 충돌의 걱정은 전혀 없다. 위성의 제어기술이 진보하리라고 생각되는 장래는 7㎞의 간격으로도 좋을 것이라는 예상을 할 수 있다고 한다. 따라서 정지위성의 수는 당장에는 3,600개, 장래에는 36,000개가 가능하기 때문에 정지궤도의 크기만이 위성통신의 제약이 되리라고는 생각하기 어렵다. 다만 어느 시대의 통신에서도 경제성이 큰 문제가 되는 것은 확실하며, 위성이 고밀도가 되었을 때 그 효과를 발휘하는 것이 「멀티 빔 안테나(Multi Beam Antenna)」이다.

정지위성의 결점은 지구로부터 멀다는 점이다. 지상에 도달하는 전파는 상당히 약해져 있기 때문에 큰 안테나를 사용해야 한다. 종래에 외국과의 무선통신에 이용되었던 전리층은 지상 300㎞쯤에 있다. 〈그림 94〉의 지구나 위성궤도의 크기는 비례

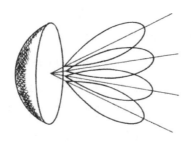

〈그림 95〉 멀티 빔 안테나와 그 복사빔

하게끔 그려져 있지만, 지구의 반지름 6,400㎞와 비교하면, 전리층의 높이는 지구를 나타내는 동그란 선의 굵기 속으로 들어가 버린다. 이것에서부터 정지위성이 지구에서부터 얼마나 멀리에 있는가를 알 수 있을 것이다.

통신위성에 가장 많이 사용되고 있는 주파수 4GHz의 경우에는 지름 30m의 카세그레인 안테나로 수신하고 있는 예가 있다. 이와 같은 대형 안테나를 3,600개나 만든다는 것은 비경제적이다. 그래서 어느 범위 안에 있는 복수 개의 위성을 통합하여 한 개의 안테나로써 담당하는 것이 멀티 빔 안테나이다(〈그림 95〉 참조).

이 안테나로부터 복사되는 복수 개의 빔은 각각 독립된 전파이며, 각각의 빔으로 각각 별개의 정보를 통신할 수 있는 것이 멀티 빔 안테나의 특징이다.

또 하나의 귀중한 자원인 주파수의 효과적언 이용도 멀티 빔 안테나의 커다란 목적이다. 위성통신에 안정하게 사용할 수 있는 주파수 대역폭은 1GHz에서부터 20GHz 부근까지로 비교적

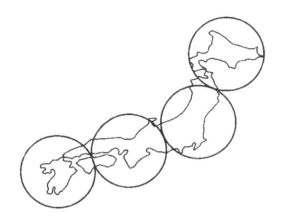

〈그림 96〉 일본열도를 정지위성으로부터 4개의 빔으로 조사하여 각 지역으로
　　　　　 별개의 정보를 전달하는 방식. 원은 위성으로부터의 빔이 조사되는
　　　　　 지역의 보기

좁다. 이것은 낮은 쪽의 주파수는 전리층 등의 영향을 받고, 높
은 쪽 주파수는 비나 구름에 의한 감쇠가 크기 때문이다. 〈그
림 96〉은 정지위성에서 본 일본열도이며, 4개의 원은 위성으로
부터 4개의 빔, 즉 멀티 빔 안테나로 일본열도를 조사(照射)하
는 경우를 가정하고 있다. 이 방식으로 일본의 홋카이도(北海
道), 간토(關東), 간사이(關西) 및 규슈(九州)에 따로따로 정보를
보내는 경우를 생각하여 보자.

　인접하는 지역에서 같은 주파수를 사용하면 경계위치에서는
혼신을 일으키기 때문에 별개의 주파수로 할 필요가 있다. 그
러나 홋카이도와 간사이 및 간토와 규슈는 같은 주파수를 사용
하더라도 충분히 떨어져 있기 때문에, 사이드로우브만 작게 하
면 혼신을 일으키는 일이 없다. 이 방식과 한 개의 빔으로 일
본열도 전체를 조사하는 것과를 비교하면, 각 지방에 따로따로

정보를 보낼 수 있기 때문에 정보의 전송량은 4배가 되는 데 대해, 필요한 주파수의 폭은 2배로 되게 된다.

이와 같이 안테나로 좁은 지역에만 전파를 조사하고, 충분히 떨어진 지역에서는 똑같은 주파수의 전파를 사용하여 다른 정보를 보냄으로써 주파수를 효과적으로 이용하는 것은, 지상에서는 텔레비전 방송이나 자동차 전화 등에서 이미 실용화되어 있다. 그것을 하나의 안테나로 한다는 점이 다를 뿐이다.

## 한 개의 안테나로 여러 개의 빔을

이 멀티 빔 안테나의 원리는 어떤 것일까? 파라볼라 반사경에서는 정면으로부터 입사한 빛은 초점의 한 점에 모인다는 것을 여러 번 지적하였다. 실제로 광선의 궤적(軌跡)을 그려보면, 모든 평행광선은 초점을 통과하는 것을 알 수 있다(〈그림 97〉의 (1)). 이것에 대해 구면경에서는 어떻게 될까?

〈그림 97〉의 (2)는 파라볼라 안테나와 마찬가지로 구면경에 대해 평행광선이 입사하였을 때의 반사광의 궤적을 그린 것이다. 이것에 의하면 거울면의 중심 부근의 광선은 한 점에 모이듯이 보이지만, 중심 부근으로부터 떨어져 나감에 따라 광선은 보다 거울면에 가까운 점에 집합하는 것을 알 수 있다. 이것은 구면경의 「수차(收差)」로 알려져 있다. 거울면의 중심축으로부터 떨어져 나감에 따라 거울면의 곡률을 작게 하여, 이 수차를 없앤 것이 파라볼라 반사경이다.

구면경의 특징은 글자 그대로 구조가 구대칭(球對稱)이기 때문에, 어느 방향에서 입사한 평행광선도 똑같이 집속(集束)하는데, 집속하는 정도는 파라볼라 반사경에 비교하면 좋지 않다. 〈그

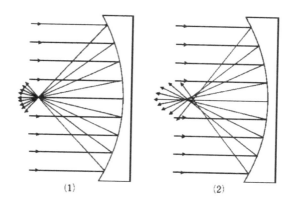

〈그림 97〉 파라볼라 반사경에 의한 평행광선의 반사(1)와 구면경에 의한 평행
광선의 반사(2). 구면경에서는 「수차」가 나타난다

림 98〉의 (1)은 구면경과 다른 방향, 즉 정면으로부터 플러스,
마이너스 8도(상하)의 방향에서 평행광선이 동시에 입사했을 때
의 광선의 궤적이다. 구대칭이기 때문에 〈그림 97〉의 (2)를 회
전시켜 겹친 것과 같다.

　이것에 대해 파라볼라의 경우는 어떨까? 〈그림 98〉의 (2)는
파라볼라 반사경의 정면으로부터 마찬가지로 플러스, 마이너스
8도가 처진 방향에서 평행광선이 입사했을 때에, 거울면에서
반사의 법칙을 만족시키도록 광선의 궤적을 그린 것이다. 구면
경에 비교하면 광선의 집합 정도가 약간 나쁜 것 같은데, 빛이
입사하는 각도가 8도보다 커지면 더욱 악화한다. 다만 어느 거
울면의 경우도 빛이 집속하는 위치가 입사하는 평행광선의 방
향에 따라 다른 점이 중요한 의미를 갖고 있다.

　이들의 거울면을 반사경 안테나로서 이용하는 것을 생각하여
보자. 우선 첫째로 〈그림 98〉 (1)의 구면경의 경우에는 광선이

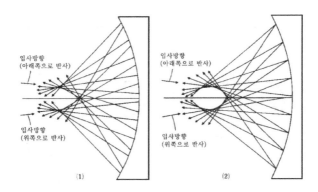

〈그림 98〉 가로축에 대해 왼쪽 위와 아래의 8° 방향으로부터 큰 평행광선의
구면경에 의한 반사(1)와 파라볼라 반사경에 의한 반사(2). 왼쪽 위
방향으로부터의 빛은 아래쪽으로, 왼쪽 아래 방향으로부터의 빛은
위쪽으로 모인다

집합하는 곳에 혼 안테나를 두면, 같은 반사경을 사용하여 정
면으로부터 플러스, 마이너스 8도의 방향으로 향한 빔을 복사
할 수 있고, 두 개의 빔이기는 하지만 멀티 빔 안테나가 된다.
또 구면경에 의한 수차는 〈그림 99〉에 보인 카세그레인 안테
나와 같이 적당한 곡면을 갖는 부반사경을 사용하여 모든 광선
을 한 점에 모아, 수차가 없는 안테나로 할 수가 있다.

다음에 〈그림 98〉 (2)의 파라볼라 반사경의 경우에는, 중심축
위에 혼 안테나를 두면 보통의 파라볼라 안테나가 된다. 또 상
하로 약간 위치를 쳐지게 하여 혼 안테나를 두면 수차는 크지
만 3개의 빔을 갖는 멀티 빔 안테나로 된다.

이것들을 비교하면, 멀티 빔 안테나로서는 빔을 어느 방향으
로도 돌릴 수 있는 구면경이 유리한 것처럼 보이지만, 현재의
단계로서는 결론이 나와 있는 것은 아니다. 구면경의 경우에는

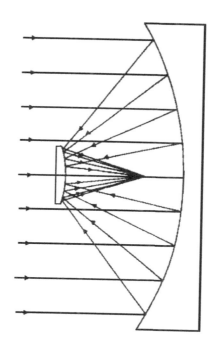

〈사진 99〉 평행광선의 구면경에 의한 반사광의 부반사경에 의한 집광

구대칭이기 때문에 모든 빔이 같은 형상이 되는 것은 매우 편리하다. 그러나 하나의 빔은 구면 일부만을 이용하고 있기 때문에, 근소하게나마 거울면의 이용 효율이 나쁜 것이 결점이다. 또 수차가 큰 파라볼라 반사경의 경우에도 〈사진 100〉과 같이 초점 가까이에 많은 혼 안테나를 두어, 이들 혼의 조합으로써 수차가 없는 멀티 빔 안테나로 할 수가 있다.

이것들 외에도 여러 가지 형상의 멀티 빔 안테나가 수많은 연구자에 의해 개발 중이다. 다른 빔으로 조사되는 지역에 혼

198

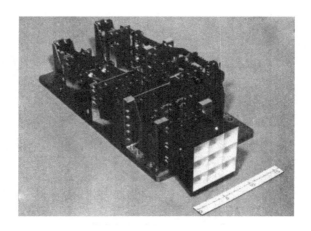

〈사진 100〉 멀티빔을 복사하기 위한 9개의 혼 안테나(NTT 전기통신연구소 제공)

신을 주지 않기 위하여 사이드로우브를 작게 할 수 있다는 것도, 멀티 빔 안테나를 평가하는 중요한 특성이다. 멀티 빔 안테나가 본격적인 실용 단계로 들어갈 때는, 이득이나 사이드로우브의 특성과 더불어 경제성 등이 고려되어, 동물처럼 하나하나의 사용 목적에 적합한 여러 가지 형상의 것이 살아남게 될지도 모른다.


## 3. 소형 안테나

### 「유선통신」과 「무선통신」의 특징

사람이나 물체를 어느 장소로부터 목적지로 이동시키는 것이 교통이다. 통신도 이것과 꼭 같아서 소리나 문자 등의 정보를 어느 장소로부터 목적하는 곳으로 이동시키는 것이 그 역할이다. 실제는 통신에서도 전류나 전파 등의 에너지가 이동하는데, 그 가치는 에너지의 양이 아니라, 전파의 진폭이나 위상의 변화에 포함되는 정보에 있는 것이므로 정보의 이동이라고 말해야 할 성질의 것이다.

물체를 운반하는 교통과 정보를 운반하는 통신에는 이상하게도 닮은 점이 많다. 산업혁명 이래 발전하여 온 교통수단은, 현재에 와서는 성숙해진 감이 있고, 그 집대성으로서 대용량 수송기관으로는 신칸센(新幹線)과 대형 제트기를 들 수 있다. 벨의 전화기와 마르코니의 무선통신 이래 발전해 온 통신수단은 교통기관처럼 성숙된 단계는 아니라고 하더라도, 광섬유통신과 위성통신은 대용량통신의 궁극의 모습이라고 생각된다.

신칸센에서는 이동하는 장소 사이는 선로로 연결되어 있으므로, 말하자면 유선통신인 광섬유통신과 비슷하다. 이것에 대해 대형 제트기와 위성통신이 대응하는 것은, 어느 쪽도 선이 아닌 공항과 무선국이라는 점을 정비하는 것만으로서 목적이 달성될 수 있는 것에서부터 이해할 수 있다. 여기서 양자의 특징을 비교하여 보기로 하자. 우선 먼저 전송할 수 있는 용량은 어떠할까? 유선이 유리한 것은 확실하지만 큰 차이가 있다고 말할 정도는 아니다. 신칸센의 정원은 차량 1량당 100명이 못 되어 합계 1,500명, 점보제트기에서는 약 500명이다. 일본을 관통하는 NTT의 광섬유의 전송용량은 전화로 환산하여 약 15만 채널이며, 가장 새로운 위성인 인텔세트(International Telecommunication Satellite) 6호는 약 7만

채널이다. 이 결과 「유선」과 「무선」으로 전송할 수 있는 용량의 비율은 교통에서 3배, 통신에서 2배가 되는데, 이들 용량은 기술적인 한계가 아니라, 수요나 경제성 등의 제반 사정에서부터 이와 같은 결과로 낙착된 것이라고 생각된다.

경제성에 대해서는 어떨까? 광섬유통신은 섬유를 부설하여 중계국을 두기 때문에 가까울수록 유리한데, 위성 통신에서는 중계점이 정지위성 한 군데이므로 지상의 통신 거리와는 관계가 없다. 따라서 가까우면 광섬유통신이 유리하고 멀면 위성통신이 유리하게 된다. 양자의 경제성의 분기점이 되는 거리는 1,000km라고 한다.

한편 교통에 관해서 일본의 경우를 예로 들면, 가까우면 신칸센이 유리하고, 멀면 제트기가 유리하게 되는 것은 말할 나위도 없다. 이를테면 도쿄에서부터 출장을 갈 경우에 히로시마(800km)까지는 신칸센을 사용하고, 하카다(1,200km)가 될 것 같으면 항공기를 이용하는 일이 많으므로 1,000km라고 하는 분기점에는 실감을 느낄 수가 있다. 또 1,000km 이내에 대도시가 많은 일본에서는 근거리에서 유리한 신칸센과 광섬유통신이 발전하고, 대도시가 1,000km 바깥에 많은 미국에서는 제트기와 위성통신에서 강하다는 것도 납득이 가는 사실이다.

## 휴대전화기의 꿈

산업의 규모나 고용인구라는 점에서 살펴보면, 신칸센이나 항공기보다 자동차산업이 훨씬 크다. 이것은 자동차 중에서도 자가용 자동차가 산업 규모에 크게 공헌하고 있기 때문이다. 자가용은 이용효율로 말하면 택시를 이용하기보다 경제적으로는 불리하게 생각되지만, 「언제, 어디서나, 어디로든」 가고 싶다는 사람들의 욕구를 만족시키기 때문에 이처럼 보급되었을 것이다. 이것에 대응하는 통신으로는 우선 「언제, 어디서나, 누구에게든」 통신을 할 수 있는 개인용 전화일 것이다.

최근에 퍼스널무선이 급속히 보급되고 있는데, 전파를 발사해도 「통화 중」인 경우가 많다. 이것은 자동차를 생산하여도 도로를 정비하지 않기 때문에 생기는 체증과도 같은 것이며, 장래는 주파수의 규제 완화와 더불어 무선 중계 등의 무선회로의 「도로」가 정비되면, 한 집에 한 대의 휴대전화가 보급될지 모른다.

꿈의 전화기로서 손목시계 모양을 한 휴대전화기의 그림 등을 본 적이 있지만, 전문적인 입장에서는 의문점이 많다. 우선 첫째로 전지가 문제이다. 무선전화에서는 전파의 전력은 1W, 적어도 0.1W가 필요하기 때문에, 손목시계에 들어갈 만한 전지로는 통화할 때마다 바꾸어야 할 것이다. 다음이 주제인 안테나이다. 현재 연구가 진행되고 있는 휴대전화기의 용적은 약 300cc로서, 안테나에 주어진 용적은 그것의 1할인 30cc이다. 전자회로 등은 작아질 가능성을 간직하고 있지만, 안테나의 소형화는 어렵다.

오디오기기는 해마다 소형화되어 가고 있으나, 음파를 공간으로 복사하는 스피커는 음질을 희생하지 않는 한, 좀처럼 작아지기 어렵다. 스피커와 안테나의 기능은 매우 흡사하며, 소형화하기 어려운 점은 안테나와 마찬가지이다. 그래도 옛날의 스피커에 비교하면 상당히 손형으로 되었기 때문에, 안테나 기술자의 노력으로 장래는 손목시계에 가까운 형상의 휴대 전화기

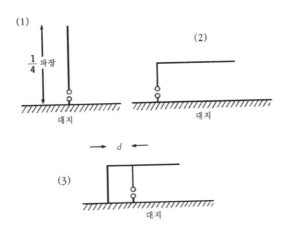

〈그림 101〉 1/4파장 모노폴 안테나(1)와 그것을 변형한 역L 안테나(2) 및 왼
쪽 끝에서부터 길이 d의 위치에서 급전하는 역F 안테나(3)

가 만들어질 수 있는 가능성이 전혀 없는 것은 아니다.

 현재, 중파방송에 사용되고 있는 송신 안테나는 반파장 다이
폴 안테나를 절반으로 한 구조이다(〈그림 101〉 참조). 대지를 도
체로 이용하는 반파장 다이폴 안테나와 같은 특성을 가졌지만,
다이폴의 절반이기 때문에 「모노폴 안테나(Monopol Antenna)」
라고 불린다. 'di'는 2, 'mono'는 1이라는 의미이다. 모노폴
안테나의 높이는 주파수 1MHz(파장 300m)에서 75m가 된다.
마르코니 시대에는 파장이 1㎞ 정도의 전파가 사용되고 있었으
므로, 안테나를 높게 치면 감도가 좋아진다는 것은 경험적으로
알고 있었다. 그러나 250m의 높이로 치는 것은 어렵기 때문
에, 아주 자연스러운 발상으로서 〈그림 101〉의 (2)와 같이 도중
에서 가로로 구부린 안테나가 고안되었다. 도체선의 형상에 어
부터 「역(逆)L 안테나」라 불리고 있다.

안테나로부터 보다 잘 전파를 복사시키기 위하여는, 도체선
위에 큰 전류를 흘려보낼 필요가 있다. 〈그림 101〉의 경우에는
○표로써 표시한 단자 사이에 급전선을 접속하여 전류를 흘리
는데, 안테나를 굴절시키면 같은 안테나의 길이에서도 전류가
흐르기 어려워지는 것이 보통이다. 그래서 (3)과 같이 안테나의
중간에서 급전하는 방법이 고안되었다. 이 경우에는 적어도 급
전하는 위치(거리 d), 즉 급전점을 이동시켜 조정해서 큰 전류
를 흘려보낼 수가 있었다. (3)은 그 형상으로부터 「역F 안테나」
라고 불린다.

## 관건이 되는 소형 안테나

휴대전화기 등의 소형 안테나에서는 이 역F 안테나를 변형한
것이 사용되고 있다. 전화와 같은 무선통신에서는 송신과 수신
을 동시에 별개의 주파수로써 하는 것이 보통이다. 이 때문에
안테나는 넓은 주파수범위에서 양호하게 동작하지 않으면 안
된다. 이와 같은 안테나는 주파수 대역폭이 넓기 때문에 「광대
역(廣帶域) 안테나」라고 한다. 소형 안테나를 광대역에서 동작하
도록 설계하는 것은 가장 어려운 문제점의 하나이다. 앞에서
말한 역F 안테나를 광대역으로 하기 위해, 도체선을 도체판으
로 한 안테나가 고안되었다(〈그림 102〉의 (1)). 일반적으로 안테
나의 도체선을 굵게 하면 광대역이 되는 성질을 갖기 때문에
그 극한으로서 판자로 한 것이다.

이 안테나의 가로 방향의 길이는 전과 마찬가지로 약 1/4파
장인데, 이것을 더욱더 작게 하기 위해 실제로 사용되고 있는
역F 안테나는 〈그림 102〉의 (2)와 같이 연구되어 있다. 즉 도

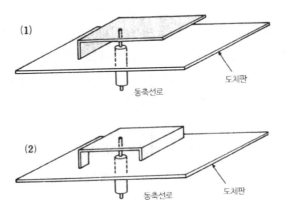

(1)

동축선로

도체판

(2)

동축선로

도체판

〈그림 102〉 도체판 위에 제작한 역F 안테나(1)와 그것을 소형화한 안테나(2)

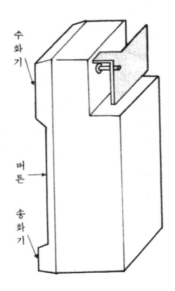

수
화
기

버
튼

송
화
기

〈그림 103〉 휴대전화기에 장치한 역F 안테나

체판의 선단을 아래로 구부리는 동시에 세로 방향의 판자를 가늘게 하고 있다. 이와 같은 구조는 실험적으로 발견된 것으로서, 선단을 아래로 구부려 콘덴서의 작용을 하게 하고, 세로의 도체판을 가늘게 하여 코일의 작용을 시켜서 잘 공명하는 것으로 생각되고 있다. 실제로 시험제작한 휴대전화를 살펴보면(그림 103) 전화기의 뒤쪽 윗부분에 있는 것이 역F 안테나이다. 안테나의 선단이 〈그림 102〉의 ⑵처럼 구부리지 않아도 소형으로 되는 것은 안테나 아래에 있는 상자의 도체판이 구부러져 있기 때문이라고 생각된다.

최근에는 소형 안테나로서 「마이크로 스트립 안테나」가 주목되어 실용화되어 가고 있다. 역F 안테나는 이 마이크로 스트립 안테나의 변형이라고 볼 수 있다. 최근의 전자회로는 인쇄로써 만들어지는 것이 많은데, 급전선 등도 인쇄에 의한 것이 보통이다. 인쇄로 만들어지는 급전선이 마이크로 스트립선로이다(〈그림 104〉의 ⑴). 기판(어스판)이라고 불리는 도체판 위에 1mm 정도의 얇은 절연체가 있고. 그 위에 도체의 띠(스트립)가 있는 구조로서, 기판과 이 띠가 두 가닥의 송전선(급전선)으로 되어 있다. 이 띠는 인쇄에 의해 만들어지고 미세(마이크로)한 형상의 선로가 만들어지기 때문에 마이크로 스트립(Micro Strip)이라고 불린다.

스트립의 길이가 반파장인 때에 공진하여 큰 전류가 흐르는 것은 도체선인 때와 같다(〈그림 46〉 참조). 다만 스트립의 경우에는 〈그림 104〉의 ⑵와 같이 기판 밑에서부터 동축선로(同軸線路)의 외부도체를 기판으로, 내부도체를 스트립에 접속하여 급전하고 있다. 위쪽 그림에서 보인 것과 같이 스트립 위의 전류

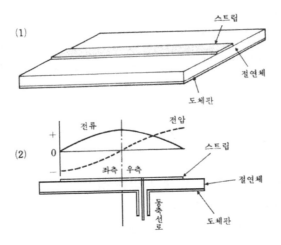

〈그림 104〉 마이크로 스트립 선로(1)와 이 스트립의 길이가 반파장이 되도록
양단을 절단하여 도체판 아래서부터 동축선로로 급전한 마이크로
스트립 안테나의 단면도(2)

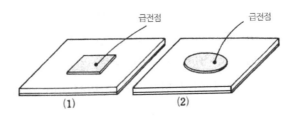

〈그림 105〉 마이크로 스트립 안테나로서도 가장 보편적인 사각형 패치 안테
나(1)와 원형 패치 안테나(2)

는 양단에서 제로이기 때문에 〈그림 46〉과 같으며, 전압은 중
심에서 제로가 되기 때문에 중심에서 벗어나 급전을 하는 것이
된다. 또 스트립의 중심에서는 전압은 제로이기 때문에, 이곳을

도체선으로 단락하여 왼쪽의 스트립을 제거하고 오른쪽만으로 할 수도 있다. 이것이 〈그림 102〉 (1)의 역F 안테나가 되는 것은 명백하다.

　스트립의 폭은 넓은 쪽이 주파수대역폭이 넓어지는 동시에 전파도 복사하기 쉬워진다. 이 때문에 〈그림 105〉의 (1)과 같이 정사각형에 가까운 형상을 한 마이크로 스트립 안테나를 「사각형 패치 안테나」라고 한다. 패치(Patch)에는 「반창고」라는 의미가 있다. 정사각형의 모서리를 잘라내어도 안테나로서의 동작원리는 그다지 달라지지 않을 것이다. 모서리를 동그랗게 하여 원으로 한 것이 원형 패치 안테나(〈그림 105〉의 (2)이다. 사각형 패치와 원형 패치는 흔히 사용되는 마이크로 스트립 안테나이다.

　마이크로 스트립 안테나는 인쇄로써 만들 수 있기 때문에 대량생산에 적합하고, 높이가 낮고 평면 모양으로 만들 수 있는데다 튼튼하다는 등의 여러 가지 특징을 갖고 있다. 이 때문에 대량의 작은 안테나를 필요로 하는 어레이 안테나의 소자 안테나로서 유망하다. 가장 신뢰성이 요구되는 위성에 싣는 안테나로서, 지구 표면의 자원이나 식물의 성장상태를 관측하는 위성의 레이더용 어레이 안테나로 사용되고 있다.


# 4. 원편파 안테나


## 위성방송을 효율적으로 이용하기 위하여

텔레비전의 프로그램은 일본의 경우, NTT의 마이크로파 무선회선(無線回線)에 의하여 전국 방방곡곡으로 중계되어 방송되고 있다. 큰 도시의 전화국 철탑에 실려 있는 파라볼라 안테나의 하나는, 이 텔레비전 프로그램의 중계에 이용되고 있을 것이다. 이 중계소는 약 50㎞ 간격으로 있는데, 텔레비전 방송은 한순간의 단절도 허용되지 않기 때문에 중계소와 직원이 겪는 고생은 보통이 아니다. 광섬유가 혁명적인 통신선로라고 일컬어지는 것은, 텔레비전의 화면을 비롯하여 유선으로 장거리 전송이 가능하게 되었기 때문이다.

정지위성의 한 점으로부터 일본 전국으로 방송이 가능한 위성방송은 지상으로부터 보낸 프로그램을 위성의 한 군데에서 중계할 뿐이다. 본래 정지위성으로부터는 지구 표면의 1/3의 지역이 보이기 때문에, 어디에서도 통신할 수 있는 것이 무선통신의 궁극의 모습이라 일컬어지는 이유이다. 따라서 고밀도의 정보를 한 점으로부터 되도록 많은 가정으로 보낸다고 하는 방송의 정신으로 한다면, 정지위성은 방송이야말로 가장 적합한 수단이라고 생각된다.

사람은 누구라도 외부와 정보를 주고받고 있는데, 가정을 예로 들면 나가는 정보에 비교하여 들어오는 정보가 압도적으로 많다. 들어오는 정보로는 텔레비전이 크다. 텔레비전의 화면은 동화(動畵)이기 때문에 1초 동안에 30장이 보내지고 있고, 전화 1,000채널 몫이기 때문에 대단한 정보량이다. 이것에 비교하면 신문은 정지화(靜止畵)이기 때문에 매우 적고, 이를테면 전화선에 의한 고속 팩시밀리로는 10분 정도로써 보낼 수 있는 정보량이다.

이것에 대해 가정으로부터 나가는 정보는 매우 적다. 전화,

편지에다 장래의 팩시밀리 정도이다. 이를테면 이 책은 워드 프로세서(Word Processor)로 쓰고 있는데, 그림은 따로 하고 문자만을 부호정보로 하여 전화선을 통하여 출판사에 보낸다고 하면, 전체 글자 수 약 9만 자를 보내는데 20초 동안이면 충분하다.

정보는 그것을 보내는 일보다도 만드는 쪽이 훨씬 더 어렵다는 것이 실감 날 것이다. 만약 가정에서 동화를 보내야 할 필요를 느끼는 사람은, 굉장한 자신가이자 극히 소수일 것이라는 것이 필자의 생각이다. 따라서 필요하고도 충분한 시스템이 보급된다는 역사의 교훈을 따른다면, 각 가정에 광섬유가 들어가기 전에 위성 방송의 수신 설비가 보급될 것으로 생각된다. 위성방송은 한쪽 방향의 동화, 광섬유는 양쪽 방향의 동화를 보내서야 본래에 지니는 성능을 발휘할 수 있기 때문이다.

매일 배달되는 신문은 펄프로서 목재를 소비하고 있다. 미국에서는 매일 200ha의 삼림을 벌거숭이로 만들고 있다고 한다. 일본에서는 신문을 위해 한 가정에서 1년에 성장한 나무 한 그루를 사용하지만, 미국의 몇 분의 1의 소비량에 지나지 않는다. 일본에는 위성방송 8채널이 할당되어 있는데, 이 1채널로써 50종의 정지화면을 고속으로 보낼 수가 있다. 신문사에서는 신문의 편집을 일종의 워드 프로세서를 사용하여 전자적으로 하고 있기 때문에, 그것을 그대로 위성에서 각 가정으로 보낸다고 하면, 각 가정에서는 필요한 것만을 카피(Copy)하면 되니까 펄프의 소비량이 매우 줄어들 것이다. 게다가 방송위성은 전원을 끊기 어렵기 때문에 24시간을 가동시키게 되므로 빈 시간은 충분히 있다.

이 밖에 최근, 화제가 되는 고품위(高品位) 텔레비전인 하이비전(High Vision)의 방송은 종래의 지상의 텔레비전에서는 주파수대역폭이 6MHz밖에 되지 않기 때문에 불가능하며, 27MHz의 대역폭을 이용할 수 있는 위성 방송에서 비로소 가능한 방식이다. 이처럼 갖가지 특징을 갖는 위성 방송에서 사용되고 있는 전파가 주파수 12GHz의 「원편파(圓偏波)」이다.

### 전파가 진동하는 방향—편파

음파는 공기의 입자가 진동하는 파동인데, 「종파」라고 하여 입자는 파동의 진행 방향으로 진동하고 있다. 이것에 대해 전파는 전기력선이 진동하는 「횡파」이다. 전기력선에 대한 상세한 설명은 생략하겠으나, 여기서는 진동하는 방향은 파동의 진행 방향에 직각이기 때문에, 두 종류가 있다는 것을 알면 되는 것으로 하자. 파동이 어느 방향(z 방향)으로 진행하는 경우, 음파와 같이 종파일 때는 입자가 진동하는 방향은 한 종류밖에 없다(〈그림 106〉의 위). 전파의 경우는 횡파이기 때문에, 전기력선의 방향은 이를테면 x 방향과 y 방향의 두 종류가 있다(〈그림 106〉의 아래). 이것을 빛에서는 x 방향 또는 y 방향의 「편광(偏光)」이라 하고, 전파에서는 x 방향 또는 y 방향의 「편파(偏波, Polarization)」라고 부른다.

빛이 두 종류의 편광을 갖는다는 것은 이미 알려져 있었기 때문에, 전파의 존재를 실증한 헤르츠는 빛과 전파가 같다는 것의 근거의 하나로서 전파의 편파를 확인하고 있다. 원리적으로는 〈그림 107〉과 같이 x 방향을 향한 다이폴 안테나로부터 복사되는 전파는 y 방향으로 배열한 도체선의 발은 통과하지

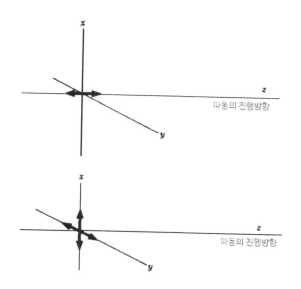

〈그림 106〉종파(위)와 두 종류의 횡파(아래). 화살표는 파동이 진동하는 방향

만, 다이폴 안테나를 y 방향으로 돌리면 이 발에서 반사되는 것을 확인하였다.

전파의 편파는 그 방향으로 전자를 움직이는 힘을 갖는 것을 의미하고 있다. 따라서 편파의 방향에 직각으로 가느다란 도체선이 있는 경우에는, 도체선 속의 전자는 움직일 수가 없기 때문에, 전파에 있어서는 도체선이 없는 것과 같아지는 것이다.

흔히 이용되는 편파의 예로서는 「수직편파」 및 「수평편파」가 있다. 편파의 방향이 대지에 대해 수직이냐 수평이냐에 따른다. 수직편파는 중파방송, 택시 무선이나 자동차전화가 있다. 중파방송의 송신에서는 도체에 가까운 성질을 갖는 대지 위에, 1파장보다 낮은 위치에 안테나를 치는 것이 보통이기 때문에, 안

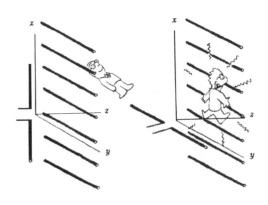

〈그림 107〉 세로 방향(x 방향)의 다이폴에서부터 복사된 전파는 가로 방향(y 방향)의 도체막대의 발을 통과할 수 있어도, 가로 방향의 다이폴에서부터의 전파는 통과하지 못한다

테나를 가로로 하면 대지의 영향이 크고, 전파가 잘 복사되지 않기 때문에 수직으로 하고 있다. 수직으로 친 안테나의 전류는 수직으로 흐르기 때문에 수직편파의 전파를 복사한다. 이처럼 도체판 가까이에 파장에 비하여 낮은 위치에다 안테나를 설치할 경우에는, 도체 표면에 수직인 편파를 이용하고 있다. 택시 무선이나 자동차 전화도 도체판인 수평인 자동차의 지붕 위에 작은 안테나를 수직으로 두기 때문에 수직편파를 효율적으로 이용할 수 있다.

수평편파의 대표적인 예는 텔레비전 방송이다. 이 전파의 파장은 3m 이하이며, 대지보다 몇 파장이나 높은 곳에 안테나를 두는 것이 보통이기 때문에 수직편파, 수평편파의 어느 것이라도 좋다. 일본이나 미국에서는 수평편파가, 유럽에서는 수직편파가 사용되고 있다.

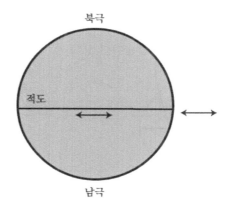

〈그림 108〉 정지위성에서 본 지구, 화살표는 편파의 방향

## 원편파의 이점

수직편파와 수평편파 외에 또 하나의 중요한 편파가 「원편파
(Circular Polarization)」이며, 위성통신에 특유한 편파이다. 〈그
림 108〉은 정지위성에서 본 지구이다. 이를테면 위성에서 가로
방향인 편파의 전파를 복사하면, 바로 밑의 적도 위에 있는 국
(局)은 대지에 대해 수평한 편파이지만, 동서의 양단으로 오면
대지에 수직인 편파가 되는 것을 알 수 있을 것이다. 지구에서
수신하는 장소가 선박과 같은 이동국(移動局)일 때는, 그 위치에
따라서 편파는 수평으로부터 수직으로 변화하는 데다, 선체가
흔들리면 안테나와 편파의 방향을 일치시키지 않으면 안 되기
때문에 큰일이다. 그래서 고안된 것이 원편파의 이용이다.

원편파를 복사하는 안테나는 여러 가지 구조의 것이 있는데,
〈그림 109〉에 보인 직교한 두 개의 반파장 다이폴 안테나와
원리적으로는 같다. x 방향을 향한 안테나가 복사하는 전파를
xy면 내의 정현파(正技波)로써 가리켰다. 화살표는 진폭이 가장

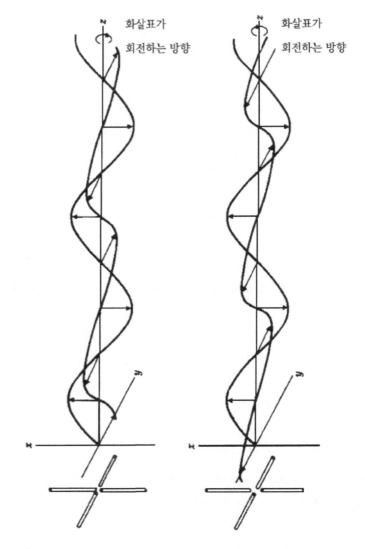

〈그림 109〉 직교한 반파장 다이폴 안테나로부터 복사되는 원편파. 우
선 원편파(위)와 좌선 원편파(아래). 파동은 이 형상을 유지
하여 z 방향으로 진행하기 때문에 화살표는 도시한 것과
같이 회전한다

큰 곳을 나타내고 있다. y 방향을 향한 다이폴에서 복사되는 전파도 마찬가지로 xy면 내의 정현파로써 나타내었는데, x 방향의 안테나에 대해 위의 그림에서는 위상이 90도 뒤지고 있다. 위상차를 두어서 급전하는 방법은 페이즈드 어레이의 항목에서 언급하였었다('5-1. 위상을 바꾸어 빔의 방향을 바꾼다' 참조).

이와 같은 파동이 z 방향으로 진행하는 것은, 이들의 파동은 그대로의 형상을 유지하여 z 방향으로 평행이동을 한다는 것이다. 따라서 어느 장소에서 관측하고 있으면 화살표의 방향(편파의 방향)이 회전하고 있듯이 보인다. 위의 그림에서는 전파가 진행하는 방향(z 방향)을 향해서 있으면, 오른손이 내려가는 방향으로 화살표가 회전하고 있기 때문에 「우선 원편파(右旋圓偏波)」라 부르고 있다. 아래 그림에서는 y 방향의 안테나의 위상을 90도 진행했을 때로 「좌선 원편파」가 되는 것이 명확하다.

선박이나 항공기 등과의 위성을 이용한 이동통신에는 원편파가 사용되는데, 이 밖의 큰 이용이 위성 방송이다. 위성 방송의 동아시아지역 채널 할당에서는 1채널에서부터 15채널 중 1, 3, 5……15의 홀수 번째의 8채널이 일본에 할당되어 있고, 2, 4, 6……의 짝수 채널이 한국과 북한에 할당되어 있다. 위성으로부터 일본의 국토 안으로만 전파를 복사하고, 한국의 영해 안으로의 복사를 억압하는 안테나의 제작은 매우 어렵다.

그래서 이웃나라로 전파가 누설되는 것은 어쩔 수 없는 일이지만, 다른 나라의 텔레비전은 볼 수 없도록 하기 위해 원편파의 회전 방향을 바꾸는 방법이 고안되었다. 일본은 우선 원편파, 한국은 좌선 원편파이다. 만약에 일본이 수직편파, 한국이 수평편파라고 하면 안테나를 90도 회전하면, 다른 나라의 텔레

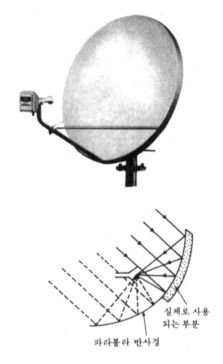

실제로 사용
되는 부분

파라볼라 반사경

〈그림 110〉 위성방송 수신용 오프셋 파라볼라 안테나

비전도 보이게 되는데, 원편파에서는 안테나를 회전하여도 볼
수가 없다.

일본의 방송위성에 할당된 정지궤도는 동경 110도의 한 점
이다. 도쿄는 북위 37도이기 때문에, 만약 동경(135도)에 위성
이 있으면 전파는 바로 위에서부터 37도(앙각 53도)의 남쪽에서
오는데, 실제는 남쪽보다 약간 서쪽이고, 앙각(仰角)은 약 45도
이다.

현재 일본에서 시판되고 있는 위성방송의 수신 안테나는 〈그
림 110〉에 보인 형상의 것이 많다. 이것은 아래 그림과 같이

파라볼라 안테나의 일부를 사용하고 있지만, 초점이 안테나 정면의 중심에서 벗어나(Off Set) 있기 때문에 「오프셋 파라볼라 안테나」라고 불린다. 물론 혼 안테나 중에는 원리적으로 〈그림 109〉와 마찬가지로 원편파를 발생하는 작은 안테나가 들어가 있다.

## 새로운 평면 안테나

보통의 파라볼라 안테나로 위성에서 오는 전파를 수신하면 안테나가 상당히 위를 향하게 되는데, 오프셋으로 하면 〈그림 110〉과 같이 거울면은 수직에 가까운 배치가 되기 때문에 눈이 쌓이기 어려운 것이 오프셋 안테나의 특징이다. 그 밖에 전파가 오는 정면에 혼 안테나가 없으므로 차폐효과가 없기 때문에 사이드로우브 특성 등도 좋아진다. 다만 전파는 거울면에서부터 비스듬히 나가기 때문에, 실제의 거울면의 면적을 3할 정도 크게 해야 하는 것이 결점이다.

오프셋 안테나의 거울면에는 눈이 쌓이기 어려우나 혼 안테나에는 쌓일 가능성이 있다. 또 태풍 등을 견뎌내기 위해서 꽤 튼튼한 구조로 할 필요가 있는 등의 이유로, 평면 모양의 안테나가 주목되어 연구되고 있다. 평면 안테나로 하면 지붕 위나 차양 밑에 설치할 수 있고 태풍 등에도 강한 안테나가 되기 때문이다.

평면 안테나로서 유명한 것은 4장에서 설명한 마이크로 스트립 안테나이다. 〈그림 111〉은 그것의 한 예다. 정사각형의 패치 안테나는 〈그림 105〉의 ⑴과 같이 중심에서 벗어나서 급전하였다. 원편파로 하고 싶은 경우에는 〈그림 111〉과 같이 90

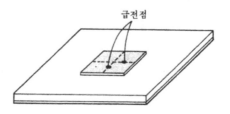

〈그림 111〉 원편파 사각형 패치 안테나. 패치 상의 ●표는 급전점이며, 기판의 아래서부터 동축선로에 의해 90°의 위상차로써 급전한다

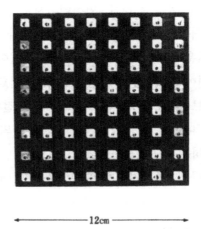

〈그림 112〉 정사각형 패치 안테나를 8행 8줄로 배열한 어레이 안테나 정사각형의 모서리를 잘라내고, 한 급전점으로도 원편파가 되도록 연구되어 있다(사이타마대학 공학부 하네이시 연구실 제공)

도를 회전한 위치에 급전점을 추가하고, 급전위상을 90도 처지게 하면 원편파가 된다는 것은, 반파장 다이폴이 원편파를 복사하는 원리(〈그림 109〉 참조)와 같다.

위성 방송의 수신 안테나는 위성으로부터의 약한 전파를 수

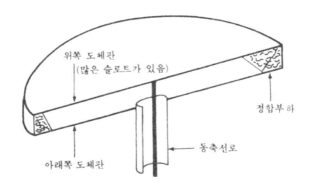

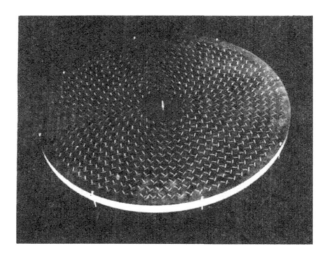

〈그림 113〉 레디얼라인 슬롯 안테나
(상) 레디얼라인의 단면도, (하) 위에서 비스듬히 본 실제의 안테나

신하기 위해 4,000배(36dB) 정도의 큰 이득이 요구되며, 〈그림 111〉의 패치 안테나를 1,000개 이상 배열한 어레이 안테나로 해야 한다. 마이크로 스트립 안테나는 유전체의 기판을 사용하고 값이 비싸다는 것과 손실이 큰 것이 단점이다.

마이크로 스트립 안테나와는 다른 원리이지만, 같은 평면 안테나에 「레디얼라인 슬로트 안테나(Radial Line Slot Antenna)」가 있다. 레디얼라인이란, 두 장의 평행 도체판 사이를 전파가 중심으로부터 방사선 모양(Radial 방향)으로 전파하는 선로(라인)이다. 〈그림 113〉은 안테나를 절반으로 절단한 약도로서 중심에서 동축선로로 급전하고 있다. 위의 도체판에 구멍(Slot)을 뚫어서, 그 구멍을 통하여 외부로 전파를 복사하는 안테나인데, 원편파는 아래쪽의 사진에 보인 'ㅅ'자형의 슬롯에서 복사된다.

쌍이 되는 두 개의 슬롯은 장소는 다르지만, 〈그림 109〉의 다이폴과 마찬가지로 직교하여 있고, 이들 슬롯의 중심은 레디얼 방향으로 1/4파장의 간격이다. 따라서 이들 두 개의 슬롯에서부터 나가는 전파의 편파는 직교하며, 또 이들 슬롯의 간격이 1/4파장이기 때문에 90도의 위상차로 되어서 원편파가 복사되는 것이다. 실제 안테나의 사진으로부터 알 수 있듯이, 각 슬롯으로부터 나가는 전파가 안테나의 정면 방향에서 같은 위상으로 가해지도록 슬롯을 나선 모양으로 열어두고 있는 것이 특징이다. 이 안테나는 마이크로 스트립 안테나와 같이 유전체의 기판을 사용하지 않기 때문에 손실이 적고 효율이 좋은 평면 안테나가 된다.

이들 외에도 스트립선로를 크랭크 모양으로 구부린 안테나, 〈그림 104〉의 스트립 위에 다시 절연체와 도체판을 겹친 3층 구조의 안테나 등 각종 방식이 생존을 걸고 연구되고 있다.

# 에필로그


　진화론의 주요 테마는 「왜 이렇게도 많은 종류의 생물이 있느냐?」인데, 이 책은 「왜 여러 가지 형상의 안테나가 있느냐?」는 질문에 대한 작은 해답을 마련한 셈이다. 동물기(動物記)와 같이 해설해야 할 안테나의 종류를 많이 들어 각론(各論)에 중점을 두는 것도 흥미로운 방법이기는 하지만, 이 책은 몇 종류의 유명한 안테나의 개관(槪觀)을 설명하는 것으로 그친 것 같다. 그 대신 보다 기초적인 어프로치로서, 동물의 세포처럼 모든 안테나에 공통되는 하위헌스의 파원(波源)을 강조하고, 각종 안테나가 복사하는 전파를 이 파원으로부터 설명하였다.

　안테나를 대충 분류하면 개구면 안테나, 선형 안테나, 어레이 안테나로 된다. 근거가 있는 것은 아니지만, 역사가 오래된 것에서부터 독단적으로 개구면 안테나와 어류, 선형 안테나와 조류, 어레이 안테나와 포유류를 대응시켰다. 이 중에서 개구면 안테나와 선형 안테나는 그 나름의 역사를 지니고 있지만, 어레이 안테나가 등장한 것은 아직 새롭고 포유류와 같이 진화하지 못하고 있는 것이 확실하다. 따라서 앞으로 어레이 안테나가 발전하지 않을까 하는 것이 필자의 견해이다.

　레이더의 파라볼라 안테나는 기계적으로 회전하여 빔을 주사하지만, 페이즈드 어레이에서는 안테나를 고정하여 전자적으로 빔을 주사하고 있다. 기계적 조작과 전자적 조작의 쌍방이 가능한 경우에는, 역사적으로 보면 후자가 살아남는다고 하는 것이 어레이 안테나가 발전할 것이라는 첫 번째 이유이다. 텔레비전의 채널을 전환하는 튜너(Tuner) 등이 그 예이며, 기계적으로 움직이는 부분이 없어지면 월등하게 고장이 일어나기 어려운 것이 보통이다.

통신이란 사람과 사람과의 정보의 교환이며, 사람이란 본래 움직이는 것이기 때문에 장래는 이동통신이 주(主)가 되고, 현재는 많은 고정된 장소 사이의 통신은 종(從)이 될 것이라고 하는 견해도 있다. 이 경우 이동통신은 전파에 의존하지 않을 수 없기 때문에 주파수는 귀중한 자원이 된다.

이동체는 자신이 이동하면서 특정 방향과 통신하므로, 불필요한 방향으로 전파를 내지 않기 위해서도 어레이 안테나에 의해 복사 방향을 고속으로 전환할 필요가 있다. 불필요한 방향으로의 복사는 공업폐수와도 같은 것이므로, 전파환경의 보전을 위해서도 진지하게 대처할 필요가 있다. 또 장래에 유망한 디지털통신에서는 시간적으로 계속되는 펄스의 행렬로 정보를 보내기 때문에, 텔레비전의 고스트와 같이 불필요한 방향으로부터 들어오는 시간 지연의 반사파는, 통신하는 데이터의 에러(Error) 원인이 된다. 빔의 방향을 전환할 수 있는 어레이 안테나가 발전할 두 번째 이유이다.

전파의 파원이 되는 근본인 전원은, 진공관에서 트랜지스터로 옮아 왔지만 대전력에서는 현재도 진공관이 주류를 차지하고 있다. 트랜지스터와 같은 전형적인 경박단소(輕薄短小)의 고체기기는 신뢰성에는 두드러지게 뛰어나지만, 소형이기 때문에 방열(放熱)이 어렵고 대전력에 약하다. 진공관의 신뢰성에 문제가 있는 것은 잘 알려졌지만, 위성 방송과 같이 수백 와트의 전력이 필요한 경우에는 트랜지스터를 이용하지 못하는 것이 현상황이다. 그래서 어레이 안테나를 구성하는 각각의 안테나에 소전력이 장기인 트랜지스터를 접속하여 수백~수천의 소자수로 하여 대전력으로 하는 것이다. 어레이 안테나가 발전할 것으로 생각되는 세 번째 이유이다.

어레이 안테나의 장래성만을 강조하였지만, 개구면 안테나나 선형 안테나도 굉장한 장점이 있다. 특히 지름 30m나 60m의 대이득 카세그레인 안테나 등은 다른 것의 추종을 허용하지 않는 것이 있다. 또 반파장 다이폴 안테나 등은 안테나의 기본이며, 어레이 안테나를 구성하는 소자 안테나로서도 중요하다. 앞으로도 번영하리라는 것은 어류나 조류와 마찬가지이다.

224

| 개구면 안테나 | | |
|---|---|---|
| 파라볼라 안테나 |  파라볼라 안테나 |  카세그레인 안테나 |
| 카세그레인 안테나 | 파라볼라 반사경 |  혼 안테나 |
| 혼 안테나 |  혼(각형) | 반사판 |
| 혼 리플렉터 안테나 | 혼 리플렉터 안테나 | 코너 리플렉터 안테나 |
| 코너 리플렉터 안테나 | **혼 리플렉터 안테나**<br>혼 안테나와 파라볼라 반사경의 일부를 조합한 안테나.<br>NTT의 마이크로파 무선 회선 등에 사용되고 있다. | **코너 리플렉터 안테나**<br>반파장 다이폴 안테나와 모서리(코너)가 달린 반사판을 조합한 안테나.<br>UHF대 등 파장이 길기 때문에 파라볼라 반사경을 이용할 수 없는 주파수대에서 사용한다. |
| 선형 안테나 | | |
| 반파장 다이폴 안테나<br>1/4파장 모노폴 안테나 |  반파장 다이폴 안테나 |  1/4파장 모노폴 안테나 |

〈그림 113〉 안테나의 종류와 기본 분류

루프 안테나

롬빅 안테나

카드 안테나

헤리컬 안테나

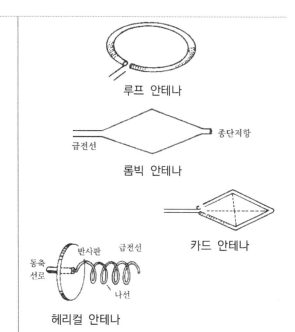

루프 안테나

롬빅 안테나

급전선   종단저항

카드 안테나

헤리컬 안테나

반사판   급전선
동축
선로   나선

## 루프 안테나
(Loop Antenna)
반파장 다이폴 안테나 다음으로 기본이 되는 안테나

## 롬빅 안테나
(Rhombic Antenna)
도체선을 지면과 평행하거나 마름모꼴로 친 안테나로 단파통신용으로서 대표적인 안테나

## 카드(사각) 안테나
(Square Antenna)
루프 안테나와 비슷하지만 절연체막대(점선의 위치)로 도체선을 지탱하는 등 만들기 쉬운 구조의 안테나

## 헤리컬 안테나
(Helicla Antenna)
나선(Helical) 모양의 안테나로 원편파를 복사하는 대표적인 안테나

| 어레이 안테나 |
| --- |

야기-우다 안테나

수퍼 턴 스타일 안테나

쌍루프 안테나

방향탐지 안테나

페이즈드 어레이 안테나

야기-우다 안테나

방향탐지 안테나

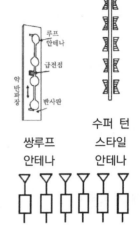

쌍루프
안테나

수퍼 턴
스타일
안테나

페이즈드 어레이 안테나

## 쌍루프 안테나

루프 안테나를 소자로 하여 2단으로 겹친 쌍루프 안테나. 그림은 쌍루프를 2단으로 겹쳐 있다. UHF 텔레비전의 송신 안테나로서 널리 사용되고 있다.

## 방향탐지 안테나

다이폴 안테나를 소자로 하여 원형으로 배열한 원형 어레이 안테나. 각 다이폴이 수신하는 전파의 위상으로부터 전파의 도래 방향을 탐지하는 방향 탐지용 안테나

## 슈퍼 턴 스타일 안테나

(Super Tern Style Antenna) 부채꼴의 안테나를 십자형으로 하여 소자 안테나로 하고 이것을 세로 방향으로 배열한 어레이 안테나. 텔레비전 방송용의 대표적인 안테나로서 텔레비전 탑에서 흔히 볼 수 있다. 상품명인 슈퍼 턴 스타일이 일반적으로 사용되고 있다.

# 안테나의 과학

### 전파의 드나듦을 추적한다

**초판 1쇄**  1979년 01월 15일
**개정 1쇄**  2019년 07월 22일

**지은이**  고토 나오히사
**옮긴이**  손영수·주창복
**펴낸이**  손영일
**펴낸곳**  전파과학사
**주소**  서울시 서대문구 증가로 18, 204호
**등록**  1956. 7. 23. 등록 제10-89호
**전화**  (02)333-8877(8855)
**FAX**  (02)334-8092
**홈페이지**  www.s-wave.co.kr
**E-mail**  chonpa2@hanmail.net
**공식블로그**  http://blog.naver.com/siencia

**ISBN** 978-89-7044-895-4 (03560)
파본은 구입처에서 교환해 드립니다.
정가는 커버에 표시되어 있습니다.

# 도서목록
## 현대과학신서

# 도서목록

## BLUE BACKS